Travaux de l'Institut de Zoologie de l'Université de Montpellier

ET DE LA STATION ZOOLOGIQUE DE CETTE

Publiés par MM.

DEUXIÈME SÉRIE. — MÉMOIRE N° 14

REVISION
DES ANNÉLIDES
DE LA RÉGION DE CETTE

(TROISIÈME FASCICULE)

PAR

Albert SOULIER

MAITRE DE CONFÉRENCES A LA FACULTÉ DES SCIENCES DE MONTPELLIER

CETTE
STATION ZOOLOGIQUE

1904

REVISION DES ANNÉLIDES

DE LA RÉGION DE CETTE

(TROISIÈME FASCICULE)

TRAVAUX DE L'INSTITUT DE ZOOLOGIE DE MONTPELLIER
ET DE LA STATION ZOOLOGIQUE DE CETTE

PREMIÈRE SÉRIE
(Publiée par M. A. SABATIER)

1. **Etudes sur le cœur et la circulation centrale dans la série des vertébrés** (*Anatomie et Physiologie comparées ; Philosophie naturelle*). Ouvrage couronné par l'Institut (Prix de physiologie expérimentale). In-4° de 464 pages avec 16 planches, gravées et chromolithographiées, 1873.
2. **Etudes sur la moule commune (Mytilus edulis).** In-4° de 130 pages avec 9 planches en chromo, 1877.
3. **Comparaison des ceintures et des membres antérieurs et postérieurs dans la série des vertébrés.** In-4° de 438 pages, avec 9 planches gravées et lithographiées, 1880.
4. **Du mécanisme de la respiration chez les Chéloniens.** In-4° de 24 pages, avec 2 planches, 1881.
5. **Recueil de mémoires sur la morphologie des éléments sexuels et sur la nature de la sexualité.** In-4° de 425 pages, avec 10 planches, 1886.
6. **Essai sur la vie et la mort.** Un volume in-18 de 282 pages, formant le volume IV de la Bibliothèque évolutionniste. Paris. Veuve Babé, 1892.
7. **Essai sur l'immortalité au point de vue du naturalisme évolutionniste.** Conférences faites à l'Université de Genève en avril 1894 et à la Sorbonne en mars 1895. Volume in-32, de 291 pages. Paris, Fischbacher, éditeur, 33, rue de Seine.

DEUXIÈME SÉRIE

Mémoire N° 1. — **Recherches sur le développement des organes génitaux de quelques gastéropodes hermaphrodites**, par H. Rouzaud, Maître de conférences à l'Institut de Zoologie, 1885. Grand in-8° de 144 pages, avec 8 planches.

Mémoire N° 2. — **Etudes sur quelques points de l'Anatomie des Annélides tubicoles de la région de Cette (Organes sécréteurs du tube et appareil digestif)**, par Albert Soulier, Docteur ès Sciences, Préparateur de l'Institut de Zoologie. Grand in-8° de 310 pages et 10 planches doubles gravées et chromolithographiées. Paris, Octave Doin, éditeur, 1891.

Mémoire N° 3. — **De la Spermatogénèse chez les crustacés décapodes**, par Armand Sabatier, Doyen de la Faculté des Sciences, Directeur de la Station Zoologique de Cette. Grand in-8° de 394 pages avec 10 planches doubles, gravées et chromolithographiées. Montpellier, Coulet, libraire-éditeur. Paris, Bataille et Cie, libraires-éditeurs, 1892.

Mémoire N° 4. — **De la Spermatogenèse chez les Poissons Sélaciens**, par Armand Sabatier, Doyen de la Faculté des Sciences, Directeur de l'Institut de Zoologie de Montpellier et de la Station zoologique de Cette. Grand in-8° de 238 pages, avec 9 planches. Montpellier, Coulet, libraire-éditeur. Paris, Bataille et Cie, libraires-éditeurs, 1896.

Mémoire N° 5. — **Recherches sur la Faune de l'étang de Thau**, par le Dr Gourret. Grand in-8° de 55 pages.

Mémoire N° 6. — **Recherches sur les Aphroditiens**, par J. Gaston Darboux, ancien Élève de l'École Normale supérieure, Agrégé de l'Université, Docteur ès Sciences, Préparateur à l'Institut de Zoologie. Grand in-8° de 276 pages avec 83 figures. Lille, Danel, 1899.

Mémoire N° 7. — **Du tissu conjonctif comme régénérateur des épithéliums**, par Etienne de Rouville, Docteur ès sciences, Chef des travaux pratiques à l'Institut de Zoologie. Grand in-8° de 164 pages avec 11 planches. Montpellier, Coulet et fils, libraires-éditeurs. Paris, Vigot frères, éditeurs, 1900.

Mémoire N° 8. — **Contribution à l'Histoire naturelle des Bryozoaires Ectoproctes marins**, par Louis Calvet, Docteur ès Sciences, Préparateur à l'Institut de Zoologie. Grand in-8° de 488 pages, avec 13 planches doubles, gravées et chromolithographiées et 45 figures dans le texte. Montpellier, Coulet et fils, libraires-éditeurs. Paris, Masson et Cie, éditeurs, 1900.

Mémoire N° 9. — **Les premiers stades embryologiques de la serpule**, par Albert Soulier, Maître de Conférences à la Faculté des Sciences de Montpellier. Grand in-8° de 80 pages, avec 4 planches doubles.

Mémoire N° 10. — **Revision des Annélides de la région de Cette** (Premier fascicule), par Albert Soulier, Maître de Conférences à la Faculté des Sciences de Montpellier. Grand in-8° de 56 pages, avec 10 figures.

Mémoire N° 11. — **Matériaux pour servir à l'Histoire de la Faune des Bryozoaires marins des côtes françaises : I. Bryozoaires marins de la région de Cette**, par Louis Calvet, Sous-Directeur de la Station Zoologique de Cette. Grand in-8° de 103 pages, avec 3 planches, 1902.

DEUXIÈME SÉRIE (*suite*)

MÉMOIRE N° 12. — **Matériaux pour servir à l'Histoire de la Faune des Bryozoaires marins des côtes françaises : II. Bryozoaires marins des côtes de Corse** (récoltés par M. Caziot), par M. Louis CALVET, Sous-Directeur de la Station zoologique de Cette. Grand in-8° de 52 pages, avec 2 planches, 1902.

MÉMOIRE N° 13. — **Revision des Annélides de la région de Cette** (Deuxième fascicule), par Albert SOULIER, Maître de Conférences à la Faculté des Sciences de Montpellier. Grand in-8° de 88 pages, avec 12 figures.

MÉMOIRE N° 14. — **Revision des Annélides de la région de Cette** (Troisième fascicule), par Albert SOULIER, Maître de Conférences à la Faculté des Sciences de Montpellier. Grand in-8° de 56 pages, avec 12 figures.

SÉRIE MIXTE

E. GRYNFELTT, Chef des travaux d'histologie à la Faculté de médecine de Montpellier. — **Recherches anatomiques et histologiques sur les organes surrénaux des plagiostomes.** (*Bulletin scientifique de la France et de la Belgique*. T. XXXVIII, 1903.)

PUBLICATIONS HORS SÉRIE DE L'INSTITUT DE ZOOLOGIE

A. SOULIER, Maître de Conférences à l'Institut de Zoologie. — **La Faune marine du département de l'Hérault.** (Extrait de la *Géographie de l'Hérault*, publiée par la Société Languedocienne de Géographie.)

E. de ROUVILLE, Chef des Travaux pratiques de l'Institut de Zoologie. — **Manuel de Technique microscopique** de BÖHM et OPPEL. Deuxième traduction française, Vigot frères, éditeurs. Paris, 1898.

— **Manuel Zoologique** d'EMIL SELENKA. Traduit de l'Allemand. Vigot frères, éditeurs. Paris, 1898.

L. CALVET, Préparateur à l'Institut de Zoologie. — **Monographie (description, synonymie, dessin) des Bryozoaires de la région de Cette.**

— **Bryozoaires** (Résultats scientifiques de la campagne du *Caudan* dans le golfe de Gascogne (août-septembre 1895). *Annales de l'Université de Lyon*, 1895.

— **Guide de l'Etudiant dans les travaux pratiques de Zoologie**, à l'usage des candidats au P.C.N. et au Certificat d'Etudes supérieures. Montpellier, Coulet et fils, libraires-éditeurs, Masson et Cie, éditeurs, 1898.

G. DARBOUX, Préparateur à l'Institut de Zoologie. — **Sur la prétendue homologie des cirres dorsaux et des élytres dans la famille des Aphroditidæ.** Miscellanées biologiques dédiées au Professeur Alfred GIARD, à l'occasion du XXVe anniversaire de la fondation de la Station Zoologique de Wimereux (1874-1899). Paris, 1899.

Travaux de l'Institut de Zoologie de l'Université de Montpellier

ET DE LA STATION ZOOLOGIQUE DE CETTE

Publiés par MM.

DEUXIÈME SÉRIE. — MÉMOIRE N° 14

REVISION
DES ANNÉLIDES
DE LA RÉGION DE CETTE

(TROISIÈME FASCICULE)

PAR

Albert SOULIER

MAITRE DE CONFÉRENCES A LA FACULTÉ DES SCIENCES DE MONTPELLIER

CETTE
STATION ZOOLOGIQUE

1904

REVISION DES ANNÉLIDES

DE

LA RÉGION DE CETTE

(3e FASCICULE)

Par Albert SOULIER

GENRE PYGOSPIO Claparède

Le genre *Pygospio* a été créé par Claparède en 1863 : Il a été étudié à nouveau par M. Mesnil en 1896. Les caractères principaux sont : Prostomium sans cornes frontales ; branchies commençant après le deuxième sétigère ; soies encapuchonnées ventrales à partir du huitième sétigère (en même temps, disparition de la rangée antérieure de soies et des ventrales inférieures) ; présence de quatre cirres anaux ; des poches vésiculeuses rappelant celles des Polydores. Les œufs n'ont pas de chorion avec vésicules transparentes.

Jusqu'en 1897, la seule espèce connue du genre est *Pygospio elegans* Claparède, établie sur un exemplaire unique. M. Mesnil[1] a complété la diagnose donnée par Claparède : 4 à 7 millimètres ; 30 à 50 sétigères. Prostomium avec deux courtes expansions latérales. Branchies n'existant régulièrement qu'à partir du 12-13me sétigère ; 7 paires et plus. Lamelle dorsale longeant la branchie jusqu'à l'extrémité ; quatre soies encapuchonnées par rangées, à la rame ventrale[2], avec tige présentant un ren-

[1] Mesnil ; *Et. de morph. ext. chez les Annélides*, I. p., 180.

[2] A partir du 8me sétigère.

flement, deux pointes faisant un angle faible et un capuchon très développé. Pigment noir.

En 1897, M. Mesnil [1] a sommairement décrit une seconde espèce *Pygospio seticornis* Œrsted, dont les principaux caractères sont : Présence de branchies au 2me sétigère [2], indépendantes de la lamelle dorsale ; 60 segments, 1 centimètre de longueur au moins. Lobe prostomial plus allongé et plus atténué que chez *P. elegans*, nettement divisé en deux à l'extrémité. Pas de renflement à la tige des soies encapuchonnées. Teinte plus pâle que celle de *P. elegans*.

PYGOSPIO ELEGANS Claparède, var. minuta

PYGOSPIO ELEGANS CLAPARÈDE.. Claparède. *Beobachtungen uber anatomie und entwicklungsgeschichte* Wirbelloser *Thiere an der Kuste von Normandie angestellt*. Leipzig, 1863, p. 37, Pl. XIV, fig. 27-31.

SPIO RATHBUNI WEBSTER ET BENEDICT. Webster et Benedict. *U. S. Comm. of Fish. and Fisheries* (1881), 1884.

PYGOSPIO MINUTUS GIARD........ Giard. *Comptes rendus de la Société de biologie*, 10e série. T. I, 1894, p. 246.

PYGOSPIO ELEGANS CLAPARÈDE.. Mesnil. *Etude de morph. externe chez les Annélides*. I. Bulletin Scientifique de la France et de la Belgique. T. XXIX, 1896, p. 175. Pl. XI, fig. 1-17.

— — — Mesnil [3]. *Etude de morphologie externe chez les Annélides*. II, *Remarques complémentaires sur les Spionidiens*. Bulletin Scientifique de la France et de la Belgique. T. XXX, 1897, p. 85.

Les annélides appartenant à cette espèce sont peu abondants dans les eaux de Cette. J'en ai observé seulement trois

[1] Mesnil ; *Et. de morph. ext. chez les Annélides*, II., p. 85.

[2] *Pygospio seticornis* Œrsted a été dessiné par Cunningham et Ramage sous le nom *Spio seticornis (The polychœta Sedentaria of the Firth of Forth*. Transactions of the royal Society of Edinburgh, pour 1886-87-(1888). Tome XXXIII. Part. III., p. 640, fig. 4.

[3] Cette synonymie a déjà été établie par M. Mesnil.

exemplaires dans la vase, l'un au milieu des tubes de Serpule, les deux autres sur une valve d'Ostrea. Tous les trois provenaient de l'étang de Thau. Le plus développé mesurait près de 5 millimètres de longueur. Le tube dans lequel se cachent ces animaux est uniquement formé par des grains de sable et de fines particules de vase agglutinés par le mucus que sécrète l'annélide.

Le corps est légèrement coloré en jaune. Les lignes de séparation des premiers segments sont pigmentées en noir. On voit aussi une tache de couleur sombre, de dimensions réduites, sur les parapodes, entre le faisceau dorsal et le faisceau ventral ; cette tache s'observe sur un nombre variable de segments, à partir du quatrième.

Le tube digestif, dans sa région glandulaire, qui commence au niveau du treizième ou quatorzième segment, est coloré en rouge brun. Les tentacules ou cirres (qui sont morphologiquement des palpes) sont très caducs. Bien développés, ils atteignent environ la moitié de la longueur du corps.

Le prostomium (*Fig. 1, a*) dépasse un peu les lèvres. Son extrémité antérieure présente deux faibles saillies latérales. Au niveau de la région postérieure du lobe céphalique, le prostomium s'atténue brusquement et se termine en une pointe obtuse à la limite du premier et du second segment sétigère. Ce prostomium présente quatre yeux disposés en carré, ou à peu près. D'après M. Mesnil, on observe assez fréquemment des animaux à 6-7 yeux, ou à 3 yeux. Le prostomium pourvu de quatre yeux paraît être le type normal. Les lèvres sont très développées et présentent des taches de pigment jaunâtre plus ou moins accentuées.

Les branchies, de forme cylindrique, sont toutes également développées, et nettement en saillie sur la région dorsale. Elles sont ciliées sur leur côté interne et n'existent que sur un nombre restreint d'anneaux. Sur un exemplaire de trente segments, on les trouve du douzième au vingtième sétigère, c'est-à-dire sur huit segments. Sur un second exemplaire de trente-huit segments, on les trouve du treizième au vingt et unième sétigère, c'est-à-dire encore sur huit segments. Enfin, sur un troisième de quarante-deux segments, elles commencent au douzième sétigère et se continuent jusqu'au vingt-sixième. Elles occupent donc quatorze segments. D'après M. Mesnil, elles commencent normalement au douzième sétigère (quelquefois au treizième, ou au onzième). Il y en a, en général, huit paires, quelquefois seulement sept, mais ce nombre peut aller jusqu'à vingt-trois.

Les lamelles, homologues aux cirres des Errants, au nombre de deux, l'une dorsale et l'autre ventrale, varient comme développement suivant le point du corps considéré [1]. Les deux lamelles sont bien développées sur les anneaux qui précèdent la région branchifère. Dans cette dernière région, la lamelle branchiale dorsale est intimément unie à la branchie, qu'elle borde jusqu'à son extrémité. Dans la région post-branchiale, les lamelles, très réduites, sont à peine visibles.

A partir du troisième segment, on aperçoit, sur un grand nombre d'anneaux, des poches qui rappellent, par leur structure, leur aspect et leur situation, les poches glandulaires de *Polydora*.

L'extrémité anale (*fig. 1, e*) est pourvue de quatre appendices très développés, avec nombreux corpuscules bacillipares, disposés en faisceaux parallèles les uns aux autres. Ils sont disposés sur plusieurs rangées. Les extrémités de ces faisceaux forment un bord frangé. Ces appendices ont déjà été dessinés par Claparède et par M. Mesnil.

Les rames dorsales sont armées d'un faisceau antérieur, dont les soies sont petites, à limbe bien développé, et à structure ponctuée (*b, f*). Le faisceau postérieur est formé de soies plus longues, aplaties, particulièrement fines à leur extrémité, dont le limbe très petit est difficile à voir (*d*). Il en est de même des dorsales supérieures.

[1] Voir la description donnée par M. Mesnil, *loc. cit.* p. 167 et pl. XI, *fig.* 3, 4, 5, 6, 7.

Dans toute la région moyenne et postérieure, il y a disparition des dorsales antérieures et postérieures, ou de la plus grande partie des postérieures. La rame présente exclusivement, ou à peu près exclusivement, de longues soies effilées à limbe peu développé (*d*).

Les sept premiers sétigères sont pourvus de ventrales anté-

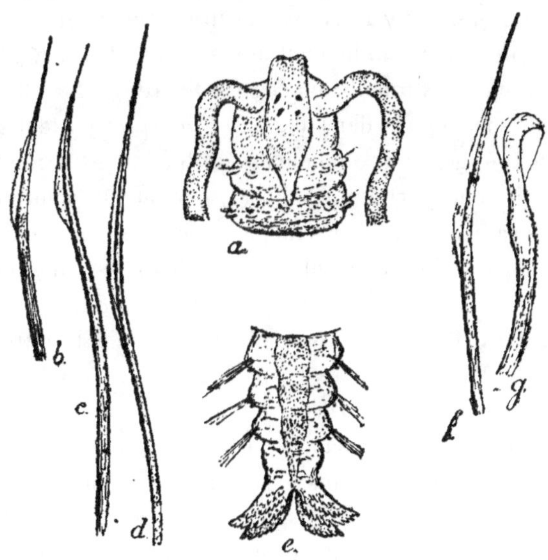

PYGOSPIO ELEGANS CLAPARÈDE.

FIG. 1. — *a*, Région antérieure, face dorsale. — *b*, *f*, Soie dorsale antérieure, soie ventrale antérieure. — *c*, *d*, Soie dorsale postérieure, soie dorsale supérieure, soie ventrale postérieure. — *e*, Extrémité postérieure. — *g*, Soie encapuchonnée.

rieures, identiques aux dorsales antérieures (*b*, *f*), de ventrales postérieures (*c*, *d*), et de ventrales inférieures longues et effilées (*c*, *d*). A partir du 8me sétigère, ces soies sont remplacées par une rangée de soies encapuchonnées (en général au nombre de quatre (*g*). La tige est recourbée et présente un léger renflement. Elle porte deux dents; l'inférieure, recourbée, est beaucoup plus forte. Elle est surmontée d'une dent plus faible, non recourbée. La partie terminale est enveloppée par un capuchon bien développé.

M. Mesnil donne la description de larves qu'il a observées. Il analyse aussi les observations faites par Claparède sur les adultes, et montre que la différence la plus importante entre les exemplaires étudiés en Normandie par Claparède et ceux de Wimereux est la grande longueur des premiers (24 mm.). Les échantillons de Wimereux mesurent seulement de 4 à 7 millimètres. M. Mesnil ne peut admettre que les exemplaires de Wimereux constituent une espèce différente. En effet, les différences spécifiques, dans le genre *Pygospio*, portent sur le numéro du sétigère où commencent les branchies, sur le nombre des soies encapuchonnées d'une rame, et sur la forme des soies. Ces caractères sont les mêmes dans l'espèce de Wimereux et dans celle de Saint-Waast. Peut-être une erreur d'impression a-t-elle porté sur le nombre de millimètres que mesurait cette dernière. Aussi M. Mesnil fait-il entrer les *Pygospio* de Wimereux dans l'espèce *elegans*. C'est *Pygospio elegans*, var. *minuta*. La description sommaire que je viens de donner des quelques échantillons de *Pygospio* trouvés à Cette concorde de tous points avec celle de M. Mesnil. Je ne puis donc qu'appliquer les conclusions de M. Mesnil aux *Pygospio* dragués dans l'étang de Thau, et les ranger, à côté des exemplaires de Wimereux, dans l'espèce *Pygospio elegans*, var. *minuta*.

Distribution géographique. — Atlantique (Saint-Waast, Wimereux); Méditerranée (Cette).

GENRE SPHOEROSYLLIS Claparède

Claparède a créé, en 1863, le genre *Sphœrosyllis* (nom dû au renflement sphérique des cirres) et a établi la diagnose de ce nouveau genre à plusieurs reprises. Il donne une première diagnose dans ses *Beobachtungen;* il la complète dans ses *Glanures*, puis dans ses *Annélides chétopodes du golfe de Naples*. La tête est fusionnée avec le segment buccal. Cet ensemble présente cinq appendices : trois, portés par le lobe céphalique, sont des antennes ; les deux autres sont des cirres tentaculaires : ils appartiennent au segment buccal.

Cette diagnose est acceptée par de Quatrefages. Cet auteur regarde le lobe céphalique et l'anneau buccal comme coalescents, mais il n'établit pas de distinction entre les appendices. Ces cinq appendices sont appelés antennes (ou tentacules).

Ehlers donne, au lobe céphalique, cinq antennes, et indique le segment buccal comme portant des pieds semblables à ceux des segments suivants. Il a donc méconnu le segment buccal et ne l'a pas distingué du lobe céphalique. Il a, par suite, considéré comme segment buccal, un segment qui est, en réalité, le second. Dans ses *Annélides chétopodes du golfe de Naples*, Claparède insiste sur ces faits et, comme conclusion, modifie les diagnoses déjà données par lui et les rend plus précises. Toutefois, comme le fait remarquer Langerhans, il n'a pas suffisamment insisté sur la coalescence du segment céphalique et du segment buccal.

En résumé, le genre *Sphaerosyllis* est caractérisé par la soudure des palpes, la trompe rectiligne armée d'une dent, la coalescence du lobe céphalique pourvu de trois antennes, et de l'anneau buccal porteur de deux cirres tentaculaires. Tous les segments présentent des cirres ventraux peu développés et des cirres dorsaux, dont la partie basilaire est généralement renflée en sphère.

SPHOEROSYLLIS HYSTRIX Claparède

SPHŒROSYLLIS HYSTRIX CLAPARÈDE. Claparède. *Beobachtungen uber anatomie und entwicklungsgeschichte Wirbeloser Thiere an der Kuste von Normandie angestellt*. Leipzig, 1863, p. 45. Pl. XIII, fig. 36-37.

— — — Claparède. *Glanures zootomiques parmi les Annélides de Port-Vendres*. Mémoires de la Société de physique et d'histoire naturelle de Genève, 1864. T. XVII, 2e partie, p. 86, et pl. VI, fig. 1

SPHŒROSYLLIS HYSTRIX CLAPARÈDE Ehlers. *Die Borstenwurmer*. T. II, p. 252, 1864.

— — — Quatrefages. *Histoire naturelle des Annelés*, 1865. T. II, p. 52.

— — — Mac-Intosh. *On the structure of the British Nemerteans, and some new British Annelids.* Transactions of the Royal Society of Edinburgh. T. XXV, 1869, p. 416. Pl. XV, fig. 9, 10.

— — — Marenzeller. *Zur Kenntniss der Adriatischen Anneliden.* Sitzungsberichte der Mathematisch-Naturwissenschaftlichen classe der Kaiserlichen Akademie der Wissenschaften. Wien. 1874. T. LXIX, I Abth., p. 431.

— — — Marion et Bobretzky. *Etude des Annélides du golfe de Marseille.* Annales des Sciences naturelles. 6e série. T. II, 1875, p. 44.

— — — Langerhans. *Die Wurmfauna von Madeira.* Zeitschrift für wissenschaftliche zoologie, 1879. T. XXXII, p. 567.

— — — Viguier. *Animaux inférieurs de la baie d'Alger.* Archives de Zoologie expérimentale et générale. 2e série. T. II, 1884, p. 98 ; à propos de *Sphœrosyllis pirifera* Claparède.

— — — Saint-Joseph. *Les Annélides polychètes des côtes de Dinard.* Annales des Sciences naturelles. 7e série. T. I, 1886, p. 204. Pl. X, fig. 79-80.

— — — Carus. *Prodromus faunœ mediterraneœ.* Stuttgart, 1884, Pars I, p. 233.

Ce Syllidien est abondant et se trouve à peu près partout, dans la vase, sur les algues, sur les valves de Lamellibranches, etc. On le récolte sur les parois des quais, ainsi que dans l'étang de Thau. On le drague aussi au large, au milieu des Ascidies, des Serpules, des Protules, etc.

Le corps de l'Annélide adulte mesure de trois à cinq millimètres de longueur. Le nombre des segments est de trente à quarante, et plus[1] (trente-huit à Dinard, d'après M. de Saint-

[1] Le plus grand exemplaire observé à Cette présentait quarante segments. Il était incomplet.

Joseph). L'Annélide est incolore, grisâtre. La cuticule, transparente, est souvent rendue opaque par la présence de particules de vase et de sable, dont l'adhérence est très grande. Le corps est recouvert de papilles nombreuses, particulièrement sur la face dorsale. Ces papilles se retrouvent aussi sur les cirres dorsaux.

Le lobe céphalique porte des palpes bien développés. Ils forment une saillie volumineuse, et sont plus longs que celui-ci, soudés sur la ligne médiane, le long de laquelle est un sillon profond. Les yeux sont au nombre de quatre, disposés en trapèze, de couleur brun-sombre. Ils sont pourvus de cristallins dirigés en avant sur les yeux antérieurs, en arrière sur les yeux postérieurs (*fig.* 2, *a*). Cette disposition, signalée par tous les

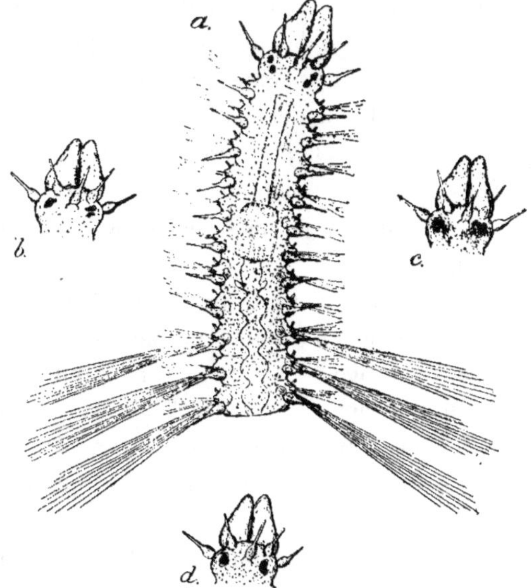

SPHŒROSYLLIS HYSTRIX CLAPARÈDE.

FIG. 2. — *a*, Région antérieure et moyenne. — *b*, *c*, *d*, Aspects divers que présentent les yeux.

auteurs, doit être considérée comme normale. Toutefois, les exceptions sont très nombreuses. Les cristallins sont variables comme nombre ; ils le sont aussi comme situation, et leur direction est loin d'être toujours la même. On en compte quelquefois deux sur un même œil. Les yeux postérieurs en sont souvent dépourvus. On observe aussi des différences très marquées dans les dimensions et le nombre des yeux : — parfois, ce nombre est de trois, et par suite, l'un des côtés du lobe céphalique est pourvu seulement d'un œil (*fig.* 2, *b*) ; — parfois aussi, le nombre se réduit à deux et l'Annélide ne porte qu'un seul œil à droite et un seul à gauche. Il arrive souvent, dans ce cas, que chacun de ces organes est formé par la fusion des deux yeux latéraux. Chacun d'eux présente, en effet, des dimensions plus grandes et est pourvu de deux cristallins (*fig.* 2, *d*). Dans certains cas, non seulement il y a absence complète de cristallin, mais, de plus, les yeux, plus que rudimentaires, sont réduits à des taches oculaires : on voit, sur la droite et sur la gauche du lobe céphalique, un amas de taches pigmentaires qui recouvrent la plus grande partie de la surface de ce lobe. Elles sont plus nombreuses en certains points, confluentes, et forment ainsi une série de taches oculaires, irrégulièrement disposées (*fig.* 2, *e*).

Les antennes sont au nombre de trois ; les deux antennes latérales s'insèrent un peu en avant et en dedans des yeux, sur la partie antérieure du lobe céphalique, — l'antenne médiane s'insère beaucoup plus en arrière, entre les deux yeux postérieurs. Ces antennes, renflées en sphère dans leur partie inférieure, sont d'une longueur égale aux trois quarts de la largeur du lobe céphalique.

Le premier segment, ou segment buccal, soudé au lobe céphalique, n'est visible qu'en dessous. Il est pourvu de deux cirres tentaculaires, dont la forme est identique à celle des antennes.

Il en est de même pour les cirres dorsaux des autres segments, ainsi que pour les cirres anaux. Ils présentent tous le renflement sphérique. Les cirres anaux sont plus longs que les cirres dorsaux. Les cirres ventraux, au contraire, sont beaucoup moins développés ; ils n'offrent pas trace de renflement et offrent la forme d'une petite languette pourvue de poils tactiles (*fig.* 3, *a*). D'après M. de Saint-Joseph, les cirres dorsaux du second sétigère peuvent manquer.

La trompe s'étend jusqu'au quatrième segment (y compris le segment buccal), ou jusqu'au cinquième, chez les échantillons de grande taille. Elle est armée d'une dent antérieure et présente des glandes latérales brunâtres (*fig.* 3, *b*) (glandes en

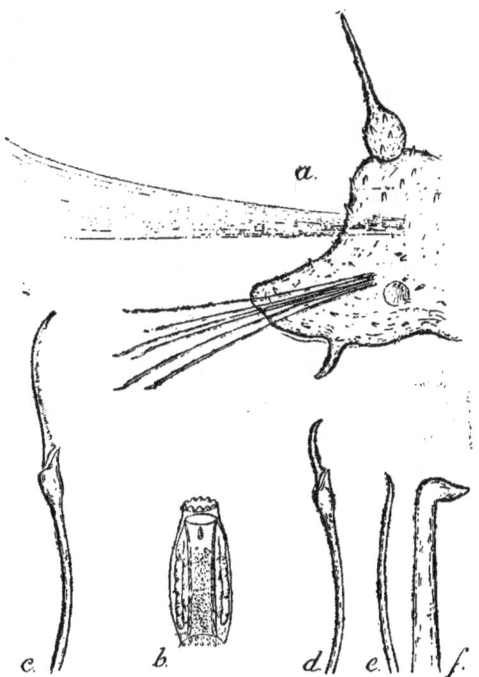

SPHŒROSYLLIS HYSTRIX CLAPARÈDE.

FIG. 3. — *a*, Parapode avec soies ordinaires et soies capillaires, cirre dorsal et cirre ventral. — *b*, Trompe avec glandes en boyau. — *c*, Soie à longue serpe. — *d*, Soie à courte serpe. — *e*, Soie subulée. — *f*, Acicule.

boyau, de Claparède, déjà figurées par cet auteur). Cette trompe, de couleur brunâtre, présente un anneau incolore (signalé par

(Claparède, Saint-Joseph, Langerhans) dans sa moitié postérieure. Cet anneau n'est pas constant. Le proventricule occupe les cinquième et sixième segments ; ou bien le sixième et le septième, chez les *Sphærosyllis* de 4 à 5 millimètres de longueur. Dans le ventricule s'ouvrent deux petites poches latérales, homologues des glandes en T des Syllis.

A partir du cinquième segment, jusqu'à l'avant-dernier, dans chaque parapode est une capsule ronde remplie de petits bâtonnets. Ceux-ci sont groupés en éventail dans l'intérieur de la capsule. Les bâtonnets s'échappent à l'extérieur à la suite d'une compression trop forte. Ils sont formés d'une tige effilée surmontée d'une partie renflée. D'après Claparède, ils constituent des organes de défense et sont probablement urticants.

Les parapodes sont armés de soies composées, unidentées au nombre de cinq à huit. Ces soies présentent toutes la même forme : la serpe, plus ou moins effilée, est toujours unidentée et finement pectinée. Dans le premier, ou les premiers segments, les serpes sont de même longueur. Dans les segments suivants, les hampes sont armées de serpes de dimensions différentes : les unes portent des serpes courtes, les autres des serpes longues. La longueur de ces dernières est environ le double de celle des serpes courtes (*fig.* 3, *c*, *d*).

A partir du septième ou du huitième segment, du côté dorsal (du cinquième, Saint-Joseph, — du neuvième, Mac Intosh), on trouve, de plus, dorsalement et ventralement, une forte soie simple un peu recourbée (*fig.* 3, *e*). Le nombre de segments pourvus de cette soie subulée est toujours variable. La soie ventrale disparaît plus tôt, en général, que la dorsale. Aussi, voit-on fréquemment un ou plusieurs segments dépourvus de la soie ventrale et encore armés de la soie dorsale.

Enfin, chaque faisceau est armé d'un acicule dont l'extrémité est recourbée presque à angle droit (*fig.* 3, *f*). Chez le mâle, les segments postérieurs sont pourvus de soies capillaires, à partir du dixième ou onzième segment (*fig.* 2, *fig.* 3, a).

Les femelles ne portent pas, en général, de soies natatoires[1]; sur le grand nombre d'échantillons étudiés à Cette, une seule femelle était pourvue de soies natatoires, moins nombreuses que chez le mâle.

Chez les femelles, les ovules apparaissent à partir du huitième segment, ou du neuvième. C'est le chiffre le plus ordinaire, à Cette (à partir du onzième, Mac Intosh). Tous les segments suivants, jusqu'au vingt-deuxième ou vingt-troisième, sont porteurs d'ovules. Ceux-ci sont attachés, par une membrane, sous les cirres ventraux de la mère (Langerhans, Saint-Joseph, Viguier, chez *Sphærosyllis pirifera*). Chaque segment est pourvu de deux œufs, à vitellus grisâtre. Ces œufs se développent, attachés aux flancs de la mère.

Les embryons deviendraient libres à des stades divers de développement.

Pour Marion et Bobretzky, il y a fort peu de différences entre *Sphærosyllis hystrix* et *Sphærosyllis pirifera* Claparède[2]; cette dernière ne serait peut-être qu'une simple variété de la première. M. Viguier n'admet pas cette opinion. Pour lui, ces deux *Sphærosyllis* forment bien deux espèces distinctes. Toutes les deux présentent, il est vrai, des papilles, mais la *Sphærosyllis hystrix* est plus transparente et sa cuticule ne s'encroûte pas de matières étrangères comme la cuticule de *Sphærosyllis pirifera*. Il est cependant difficile de baser un caractère distinctif sur cette transparence : j'ai déjà dit que la cuticule des exemplaires de *Sphærosyllis hystrix* provenant des eaux de Cette était souvent rendue opaque par la présence de corps étrangers.

Toutefois, ainsi que le fait remarquer M. de Saint-Joseph, il est deux caractères distinctifs qui permettent de séparer ces

[1] Mac Intosh ; *loc. cit.*, p. 416.

[2] Cette espèce (*Sphærosyllis pirifera* Claparède) se trouve aussi à Cette ; je n'en analyse pas les caractères d'une façon plus complète, car je n'ai pu observer les soies que très imparfaitement.

deux espèces. La *Sphærosyllis hystrix* possède des glandes à bâtonnets ; elle est dépourvue de deux petites glandes jaunes que l'on observe en avant de la trompe de *Syllis pirifera*. Cette dernière, d'autre part, ne présente pas de glandes à bâtonnets. Ces caractères distinctifs ont pu être contrôlés par comparaison d'exemplaires des deux espèces provenant des eaux de Cette.

Distribution géographique : Atlantique, mers du Nord, Adriatique, Méditerranée (Alger, Marseille, Port-Vendres, Cette).

GENRE GRUBEA QUATREFAGES (Claparède char. emend.)

Le genre *Grubea*, créé par de Quatrefages, présentait comme principaux caractères : une tête pourvue de deux antennes et de deux yeux, et un anneau buccal biannelé porteur de cinq tentacules et de quatre yeux. Claparède[1] modifie cette diagnose : Il y a trois antennes et non deux. En effet, de Quatrefages donne le nom de lobe céphalique aux palpes soudés ; par suite, le lobe céphalique et le segment buccal deviennent un segment buccal biannelé. L'antenne médiane appartient, pour de Quatrefages, au premier anneau de ce segment buccal biannelé : d'où le nom de tentacule impair donné par cet auteur. Les antennes latérales portées par le prétendu lobe céphalique conservent le nom d'antennes. Claparède montre que le segment antérieur, considéré par de Quatrefages comme l'anneau antérieur du segment buccal, est, en réalité, le lobe céphalique ; les trois appendices antérieurs appartiennent, par suite, à ce segment, et sont bien des antennes ; les deux latérales s'insèrent sur le bord antérieur de ce lobe céphalique et l'antenne médiane près du bord postérieur.

Dujardin avait rapporté au genre *Exogone* Oersted un Anné-

[1] Claparède ; *Les Annélides.....*, etc., *Naples*, p. 207.

lide observé à Saint-Malo, surtout parce que l'animal portait les œufs pendant leur développement. Claparède[1] fait remarquer que l'Annélide dessiné par Dujardin est monstrueux : il présente deux antennes externes du côté gauche et une seule du côté droit. Il fait aussi observer[2] que les antennes ne sont point insérées dans le sillon qui sépare les palpes du lobe céphalique. De plus, l'Annélide s'éloigne encore des *Exogone* par la présence de quatre cirres tentaculaires.

C'est en s'appuyant sur la description de Dujardin, que de Quatrefages a créé le genre *Brania*.

En résumé, les caractères principaux du genre *Grubea* sont les suivants : Palpes bien développés, soudés entre eux et séparés par un sillon profond, trois antennes, segment buccal plus ou moins distinct du lobe céphalique et porteur de deux paires de cirres tentaculaires ; des cirres dorsaux et des cirres ventraux ; trompe rectiligne, armée d'une dent.

GRUBEA PUSILLA Dujardin

EXOGONE PUSILLA DUJARDIN......	Dujardin. *Note sur une Annélide (Exogone pusilla) qui porte à la fois des œufs et des spermatozoïdes.* Annales des Sc. nat. 3e sér.. T. XV, p. 298. Pl. V, fig. 9 et 10.
SPHŒROSYLLIS PUSILLA —	Claparède. *Glanures zootomiques parmi les Annélides de Port-Vendres* (Mémoires de la Société de phys. et d'hist. naturelle de Genève, 1864. T. XVII. 2e partie, p. 89 (549). Pl. VI, fig. 3.
EXOGONE PUSILLA —	Claparède. *Beobachtungen... etc. Normandie, loc. cit.*,1863, p 44.
BRANIA PUSILLA —	Quatrefages. *Histoire naturelle des Annelés marins et d'eau douce.* T. II, p. 18.
GRUBEA PUSILLA —	Claparède. *Les Annélides chétopodes du golfe de Naples.* Mémoires de la Société de physique et d'histoire naturelle de Genève. T. XIX, p. 207.

[1] Claparède ; *Beobachtungen*, etc., p. 44; *Glanures*, etc., p. 89.

[2] Claparède ; *Glanures*, p. 89.

Grubea pusilla Dujardin......	Marenzeller. *Zur Kenntniss der Adriatischen Anneliden.* (Sitzungsberichte der mathematisch - naturwissenschaftlichen classe der Kaiserlichen akademie der Wissenschaften. Wien. T. LXIX, 1874, 1 abth., p. 481 (25).
— — —	Langerhans. *Die Wurmfauna von Madeira.* Zeitschrift fur wissenschaftliche zoologie, 1879. T. XXXII, p. 565. Pl. XXXII, fig. 22.
— — —	Carus. *Prodromus, etc.*, 1884, p. 232.
— — —	Malaquin. *Recherches sur les Syllidiens.* Lille, 1893, p. 79, p. 417. Pl. XIV, fig. 31, 32.
— — —	Saint-Joseph. *Les Annélides polychètes des côtes de Dinard.* Annales des Sc. nat. 7e série. T. I, 1886, p. 203. Pl. X, fig. 77-78.
— — —	Gourret. *Documents zoologiques sur l'étang de Thau* (Travaux de l'Institut de zoologie de l'Université de Montpellier et de la station zoologique de Cette. Nouvelle série. Mémoire n° 5, 1896, p. 8).

Cet Annélide se trouve à peu près partout, dans la vase, sur les algues, sur les valves d'Ostrœa, etc. On le drague aussi au large de Cette sur les tubes de Serpules, etc. Il est peu abondant.

Le corps est incolore, d'une longueur de 1mm,5 à 2mm,5. Le nombre des segments est généralement de 28, 30, 32. Le nombre le plus élevé observé à Cette est de 35.

Le lobe céphalique est un peu plus large en arrière qu'en avant (*fig.* 4, *a*). Il est de forme vaguement triangulaire, et présente un angle mousse en avant et deux angles latéraux en arrière, également arrondis. Il porte quatre yeux de couleur brun rougeâtre, disposés sur une ligne courbe concave en avant. Les cristallins des yeux antérieurs sont dirigés en avant, ceux des yeux postérieurs sont dirigés en arrière ou latéralement. Du reste, ces cristallins sont loin d'être toujours situés au même point et de présenter une même direction. Quelquefois on aperçoit deux cristallins sur le même œil.

Les trois antennes, renflées à la base, présentent leur extrémité libre effilée. Les deux antennes latérales s'implantent en avant des yeux latéraux, près du bord antérieur du lobe céphalique. Elles sont sensiblement plus longues que les palpes et dépassent ceux-ci du quart ou du tiers de leur longueur. Elles sont donc un peu plus longues que sur l'échantillon dessiné par Claparède. L'antenne médiane s'insère bien en arrière des antennes latérales, un peu en avant des deux yeux postérieurs. Elle est un peu plus longue que les antennes latérales.

Les palpes sont bien développés, au moins aussi longs que le lobe céphalique, et souvent un peu plus longs. Ils sont coalescents, creux en dessous, amincis au milieu et formant bourrelet cilié de chaque côté.

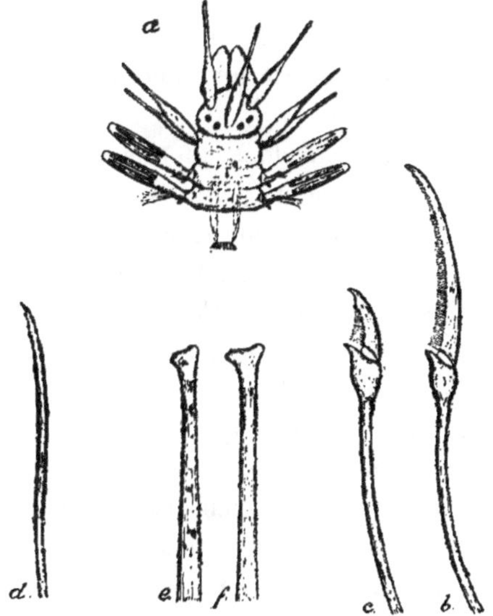

GRUBEA PUSILLA DUJARDIN.

FIG. 4. — *a*, Région antérieure, face dorsale. — *b*, Soie à serpe longue. — *c*, Soie à serpe courte. — *d*, Soie courbe denticulée. — *e*, *f*, acicules.

Le segment buccal est bien visible dorsalement. Il est porteur de deux paires de cirres tentaculaires dont la forme est identique à celle des antennes : base renflée et extrémité effilée. Il en est de même des cirres anaux.

Les cirres dorsaux, d'une forme caractéristique (*fig. 4, a*), permettent une détermination facile de cette espèce. Ils sont, en effet, tronqués à leur extrémité libre aussi large que la base. La partie intermédiaire, c'est-à-dire le corps du cirre lui-même, est légèrement renflée. Intérieurement sont deux corps fusiformes, ou en forme de fuseau à extrémité tronquée. Ces derniers sont constitués par une multitude de petits bâtonnets [1], analogues aux bâtonnets contenus dans les capsules que présente la *Sphærosyllis hystrix*. Ils ont été regardés par Claparède comme des organes urticants. Comme les soies, ils résistent à l'action de la potasse caustique. Il est probable qu'ils sont constitués, au moins en partie, par de la chitine, ou par une substance analogue à la chitine.

Les cirres ventraux sont beaucoup moins développés que les dorsaux. Ils présentent la forme d'une languette cylindrique, un peu aplatie.

Il y a deux cirres anaux dont la forme a déjà été signalée. Entre les deux se trouve un petit appendice ventral, impair, de très faibles dimensions, en forme de papille.

La trompe est de couleur brune. Dans son tiers postérieur, elle présente un anneau incolore. Ce dernier, d'après M. de Saint-Joseph, n'existe pas chez les exemplaires de Dinard. On sait, du reste, que cet anneau, signalé chez beaucoup de Syllidiens, est loin d'être constant chez une espèce donnée. La trompe est armée d'une dent, dans sa partie antérieure ou dans le voisinage de sa partie antérieure, et s'étend jusqu'au troisième ou quatrième segment. Autour de la trompe sont les glandes latérales en boyau signalées par Claparède, Saint-Joseph, etc.

Le proventricule occupe les deux segments suivants, c'est-à-dire le quatrième et le cinquième ou le cinquième et sixième. Chez les exemplaires observés par Marenzeller, il s'étend jusqu'au septième segment et présente dix rangées de glandes.

[1] Dujardin les considérait autrefois comme des zoospermes. Cette opinion n'a pas été admise par Quatrefages, Claparède, etc.

Il s'étend aussi jusqu'au septième chez les échantillons de Dinard. Le nombre des rangées de glandes est de quinze sur les exemplaires étudiés par Langerhans. Les échantillons de Cette en présentent douze rangées. Le ventricule porte deux petites poches latérales, homologue des glandes en T. L'intestin est coloré en vert.

Les parapodes antérieurs sont armés de soies à serpe unidentée de même longueur (*Fig. 4, c*), ou à peu près de même longueur. Les différences dans la longueur de la serpe ne tardent pas à s'accentuer et à partir du troisième ou quatrième sétigère, tous les parapodes sont armés de soie en serpe de deux dimensions. En effet, l'armature est constituée par quatre à six soies à serpe courte (*fig. 4, c*), unidentée (l'extrémité a la forme d'un croc recourbé) et pectinée : à côté se trouvent deux à quatre soies de même forme que la précédente, mais la serpe terminale est trois ou quatre fois plus longue (*fig. 4, b*) que la serpe courte dont il vient d'être question. Elle est en même temps un peu plus effilée. A ces diverses soies est annexée ventralement et dorsalement une soie simple de forme spéciale (signalée par M. de Saint-Joseph[1]). Cette soie (*d*), légèrement recourbée, présente une dent terminale bien visible, et en dessous, à peu de distance de l'extrémité, une seconde dent moins nette. Enfin, en arrière de cette seconde dent, est une série de fines denticulations en scie qui demandent de forts grossissements pour être vues avec netteté.

Ces soies simples ne se trouvent que sur les derniers segments et sur un nombre variable de segments. Les derniers anneaux sont armés de soies simples dorsales et ventrales ; ils sont précédés de quelques segments ne portant que des soies dorsales. Ces dernières, en effet, persistent plus longtemps que les ventrales.

Enfin, au faisceau de soies, dont il a été question plus haut, est annexé un acicule boutonné (*fig. 4, e, f*).

[1] De SAINT-JOSEPH, *loc. cit.*, fig. 77.

Les mâles sont pourvus de longues soies natatoires, du dixième à l'avant-dernier segment.

Les femelles portent des œufs, fixés près du cirre ventral, du dixième au vingt-sixième segment chez les exemplaires de Dinard, du quatorzième au vingt-deuxième chez les échantillons de Madère. J'ai observé deux femelles portant deux œufs par segment, du dixième au vingt-sixième chez l'une, et du dixième au vingt-septième chez l'autre. Les œufs tranchent par leur couleur rouge carminée sur la teinte verte de l'intestin.

M. de Saint-Joseph a observé des embryons fixés par le segment anal au ventre de la mère, dressés de telle sorte que la partie dorsale de leur corps est tournée vers le dos de la mère. Le vitellus était, chez les échantillons de Dinard, de couleur verte ou orangée. M. Malaquin a décrit et dessiné des embryons de *Grubea pusilla*.

Distribution géographique : Méditerranée, Atlantique, Manche.

GRUBEA LIMBATA Claparède

Grubea limbata Claparède.....	Claparède. *Les Annélides chétopodes du golfe de Naples*, 1868, *loc. cit.*, p. 518.
— — —	Langerhans. *Die Wurmfauna von Madeira.* Zeitschrift fur wissenschaftliche zoologie, 1879. T. XXXII, p. 566.
— — —	Robin. *Observations sur quelques Annélides de l'étang de Thau.* Bulletin de la Société philomatique. Paris (7). T. VII, 1883, p. 35.
— — —	Viguier. *Les animaux inférieurs de la baie d'Alger.*(Archives de zoologie expérimentale et générale. 2e série. T. II, 1884, p. 103. Pl. V, fig. 44, 49).
— — —	Carus. *Prodromus*, etc., *loc. cit.*, p. 232.

On rencontre assez souvent à Cette la *Grubea limbata* Claparède. L'habitat et la distribution de cet Annélide sont ceux de la *Sphærosyllis hystrix*.

Le corps est incolore, sa longueur est de 2 ^{mm}, 5 à 3 millimètres. Il présente de 27 à 30 segments.

Le lobe céphalique porte des palpes bien développés, coalescents, séparés par un sillon profond et large qui leur donne l'apparence de deux bourrelets épais réunis par une membrane *(fig. 5, a)*. Ce lobe céphalique est deux fois aussi large que long, un peu saillant à la partie antérieure. Il présente quatre

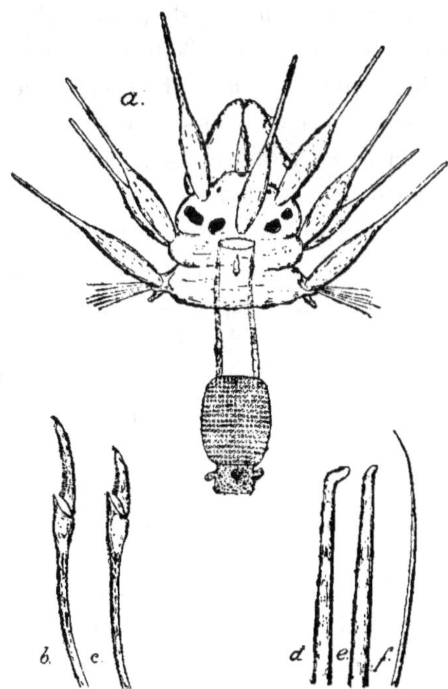

GRUBEA LIMBATA CLAPARÈDE.

FIG. 5. — *a*, Région antérieure, face dorsale. — *b*, Soie à serpe longue. *c*, Soie à serpe courte. — *d*, *e*, Acicules. — *f*, Soie subulée.

yeux principaux de couleur brun rougeâtre, munis de cristallins dont les deux antérieurs sont dirigés en avant, et les deux postérieurs en arrière. Je ne puis à ce propos que redire ce que j'ai déjà dit à propos de *Grubea pusilla*. En outre, antérieurement, sur le bord frontal, se trouvent deux petites taches oculaires dépourvues de cristallin.

Les antennes paires sont insérées latéralement entre les yeux antérieurs et les taches oculaires, c'est-à-dire à peu de distance du bord frontal. L'antenne impaire s'implante beaucoup plus en arrière, entre les yeux postérieurs, près du bord postérieur du lobe céphalique.

D'après Claparède et Langerhans, le segment buccal n'est pas distinct à la face supérieure; il est à peine visible en dessous. Bien que, sur les exemplaires de Cette, ce segment ne soit pas aussi bien délimité que les suivants, il est cependant bien visible latéralement, séparé par de légers étranglements, et du lobe céphalique et du premier segment sétigère. Le segment buccal porte une paire de cirres tentaculaires. La délimitation plus nette de l'anneau buccal, chez l'espèce de Cette, constitue une différence entre celle-ci et les formes observées à Naples et à Madère. Il est à remarquer cependant que, sur ce point, mes observations confirment celles de Robin. Cet auteur, en effet, rapportait avec doute l'Annélide étudié par lui sur les bords de l'étang de Thau à la *Grubea limbata* parce que l'anneau buccal était distinct. De plus l'Annélide décrit par Robin portait un seul œuf sur chaque pied; de même, j'ai pu constater une fois la présence de deux œufs par segment chez la *Grubea* dont il est question ici.

Les antennes, les cirres tentaculaires et les cirres dorsaux présentent une forme identique, en fuseau. La partie inférieure, un peu au-dessus du point d'attache, se renfle en olive; la partie terminale libre est effilée.

Le cirre dorsal du deuxième segment n'est pas plus long ou pas beaucoup plus long que celui des autres segments, disposition caractéristique de l'espèce. Les deux cirres anaux sont un peu plus longs que les dorsaux, de même forme.

Les cirres ventraux, beaucoup moins développés que les dorsaux, ont la forme d'une languette cylindrique, avec poils tactiles (*fig.* 5, *a*).

La trompe s'étend du deuxième au cinquième segment. Son bord antérieur est légèrement festonné. La couche pigmentaire grisâtre, qui l'entoure, présente un anneau incolore vers les deux tiers de sa longueur. Elle est entourée par les glandes en boyaux, signalées par Claparède, et armée d'une dent.

Le proventricule occupe les segments six, sept, huit et présente une vingtaine de rangées de glandes. Il est suivi d'un ventricule, de faible dimension, pourvu de très petites poches latérales, suivi lui-même de l'intestin.

Les rames sont armées de deux sortes de soies composées, les unes à serpe courte (*fig.* 5, *c*), les autres à serpe longue (*b*), toutes les deux finement pectinées. Toutes sont unidentées. L'extrémité terminale de la serpe, formant la dent unique, est moins recourbée que chez *Grubea pusilla*. Les fines dents en peignes situées sur le côté concave de la serpe sont aussi moins longues que celles de *G. pusilla*. La différence de dimensions des serpes longues et courtes ne devient nette qu'à partir du troisième ou quatrième segment. Les premiers segments, en effet, sont armés de soies dont la serpe ne présente que peu de différences comme dimensions. Les quinze ou vingt derniers segments sont pourvus, en outre, dorsalement et ventralement, d'une soie capillaire recourbée (*fig.* 5, *f*). La soie dorsale persiste plus longtemps que la ventrale, et se trouve, par suite, sur un plus grand nombre de segments. Enfin, chaque faisceau est armé de un ou deux acicules à pointe mousse, recourbée (*fig.* 5, *d*, *e*).

Les femelles portent du dixième au vingt-quatrième anneau des œufs de couleur rougeâtre. D'après Viguier, les œufs sont attachés par paire à chaque cirre dorsal et disposés en quatre rangées longitudinales. La jeune larve complètement développée est repliée sur elle-même dans l'œuf; ses mouvements violents déterminent la rupture de la coque. Cette dernière reste adhérente au dos de la mère. Au moment de l'éclosion, la larve possède trois anneaux sétigères.

Je n'ai observé que deux femelles à l'état de maturité sexuelle. Chez l'une, les ovules encore contenus dans la cavité générale étaient au nombre de deux par segment ; chez l'autre, les ovules étaient extérieurs, au nombre de quatre par segment, attachés par paire à chaque cirre dorsal.

Les mâles présentent des soies natatoires à partir du dixième segment.

Distribution géographique : Méditerranée (Naples, Cette, Alger).

SPERMOSYLLIS TORULOSA Claparède

SPERMOSYLLIS TORULOSA CLAPARÈDE. Claparède. *Glanures zool. parmi les Annélides de Port-Vendres.* (Mémoires de la Soc. de phys. et d'hist. nat. de Genève. T. XVII. 2e partie, 1884, p. 93. Pl. VI. fig. 5.)

— — —. Quatrefages. *Histoire naturelle des Annelés*, 1865. T. II, p. 647.

— — — Langerhans. *Die Wurmfauna von Madeira I.* (Zeitschrift f. wiss. Zool. 1879. T. XXXII, p. 571.

— — Carus. *Prodromus*, etc., 1884, p. 233.

Claparède a créé le genre *Spermosyllis* [1] en 1864. Les caractères principaux sont le très grand développement des palpes et la réduction de tous les appendices. L'antenne unique est rudimentaire (d'où le nom générique). Les cirres dorsaux sont peu développés. Les cirres ventraux ne sont pas représentés.

[1] M. Malaquin (*loc. cit.*, p. 60) est d'avis que le genre *Spermosyllis* doit être supprimé ; le genre *Exotokas* doit se fondre dans le genre *Exogone*. Les exemplaires dessinés par Claparède seraient probablement des exemplaires mutilés. Les deux genres : *Exotokas* et *Spermosyllis* ont cependant été revus par Langerhans, et M. de Saint-Joseph (*loc. cit.*, p. 214) est d'avis que le genre *Exotokas* doit être conservé. Les soies de l'*Exotokas brevipes* rappellent beaucoup, comme forme, celles de l'*Exogone gemmifera*, dessinées par M. Viguier (*loc. cit. Pl. III, fig.* 8); mais l'absence de cirres ventraux est un des traits caractéristiques du genre. Or, en dépit d'un examen attentif, je n'ai pu

Je n'ai observé que deux exemplaires, dragués tous les deux dans le sable vaseux du canal de la Bordigue, vis-à-vis la Station zoologique. L'un d'eux, d'une longueur de 7 à 8 millimètres, comptait trente-cinq segments. Le second, incomplet, ne possédait que vingt-huit segments. Il était porteur d'ovules, de couleur jaunâtre, au nombre de deux par segment (au mois de février).

Le lobe céphalique, beaucoup plus large que long, présente une saillie médiane antérieure bien accentuée. L'absence d'antennes latérales permet une détermination facile de l'Annélide. Il n'existe, en effet, qu'une seule antenne, impaire par conséquent, implantée dans la région postérieure du lobe céphalique. Cette antenne est fort peu développée, réduite à un simple granule, selon l'expression de Claparède (*fig. 6, a*).

Les palpes sont très développés (plus développés que sur l'exemplaire dessiné par Claparède) et forment une saillie volumineuse. Ils sont coalescents et séparés par un sillon médian. Leur longueur égale trois ou quatre fois celle du lobe céphalique.

Les taches oculaires sont au nombre de quatre : deux sont situées sur le lobe céphalique, deux sur le segment buccal. Elles présentent des bords irréguliers, comme déchiquetés, et sont dépourvues de cristallin. Elles sont placées aux extrémités des diagonales d'un carré, dont l'antenne impaire occupe le centre.

Le segment buccal, nettement distinct du lobe céphalique, porte les deux taches oculaires inférieures, ainsi qu'il vient d'être dit, et deux cirres tentaculaires. Ceux-ci, ainsi que les cirres dorsaux, sont très réduits. Ils présentent tous une forme identique. Ils sont un peu élargis dans leur région médiane et légèrement atténués à leurs extrémités, en forme de petits

apercevoir trace de ces derniers organes chez les animaux que j'ai étudiés. Quant au genre *Spermosyllis*, il est caractérisé, non seulement par l'absence des cirres ventraux, et par l'antenne impaire rudimentaire, mais aussi par le très grand développement des palpes.

fuseaux tronqués et très courts. Les deux cirres anaux sont, au contraire, très longs (*fig.* 6, *d*) (quatre ou cinq fois plus longs que les cirres dorsaux).

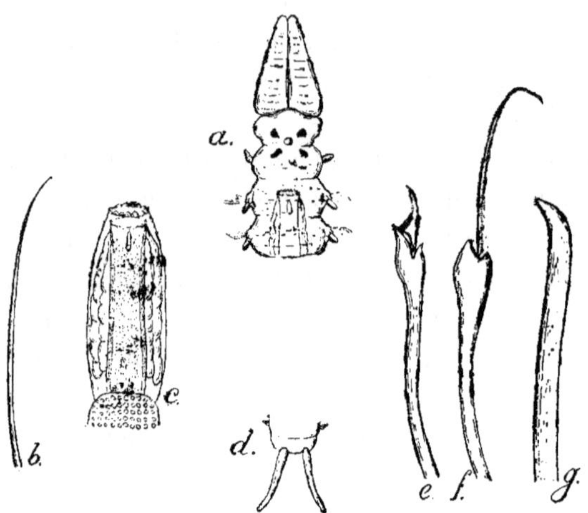

Spermosyllis torulosa Claparède.

Fig. 6. — *a*, Région antérieure, face dorsale. — *b*, Soie subulée. — *c*, Trompe avec glandes en boyau. — *d*, Cirres anaux. — *e*, Soie à serpe courte. — *f*, Soie à serpe longue. — *g*, Acicule.

Les pieds sont peu saillants et dépourvus de cirres ventraux. Ils sont armés de soies de deux sortes : les unes, au nombre de deux ou trois par faisceau, présentent un article terminal long et effilé, généralement recourbé (*fig.* 6, *f*), — les autres, au nombre de quatre ou cinq par faisceau, sont des soies en serpe unidentée. L'article terminal (*e*) est très court. Sa longueur égale le quart ou le cinquième de la longueur de l'article terminal des soies dont il a été question en premier lieu. On remarque, en outre, un ou deux acicules dont l'extrémité est légèrement recourbée (*g*). Dans les derniers segments, on trouve enfin, dorsalement et ventralement, une soie simple subulée (*b*).

La trompe s'étend jusqu'au sixième segment et présente une dent située dans la partie antérieure. Un anneau dépourvu de pigment brun est placé un peu en arrière du milieu de sa longueur. Des glandes en boyau sont annexées à la trompe (*fig. 6, c*). Le proventricule présente de vingt-cinq à trente rangées de glandes. Dans le ventricule s'ouvrent deux petites poches latérales homologues des glandes en T.

Atlantique (Madère), Méditerranée (Port-Vendres, Cette).

EXOTOKAS BREVIPES Claparède

SYLLINE BREVIPES CLAPARÈDE....	Claparède. *Glanures..... Port-Vendres*, 1864, p. 91 (p. 551). Pl. VI, fig. 4.
— — —	Quatrefages. Histoire naturelle des Annelés, II, 1865, p. 647.
EXOTOKAS BREVIPES CLAPARÈDE..	Claparède. *Les Annélides..... Naples*, 1868, p. 210. Note.
— — —	Langerhans. *Die Wurmfauna*, etc., *l. loc. cit.*, 1879, p. 572.

Ce genre a été établi par Ehlers [1]. Cet auteur fait remarquer que l'*Exogone Kefersteini* Claparède et l'*Exogone gemmifera* Pagenstecher ne présentent pas de cirres tentaculaires sur le segment buccal et sont dépourvus de cirres ventraux. Ces deux *Exogone* se rangent dans le genre *Exotokas*. De son côté, Claparède essaie de réunir ces deux formes à la *Sylline rubropunctata* de Grube et décrit la *Sylline brevipes* dans ses Glanures ; mais il adopte [2] bientôt le genre créé par Ehlers et reconnaît que la *Sylline brevipes* doit porter le nom d'*Exotokas brevipes*. Le nom donné par Ehlers a donc la priorité. Du reste, le genre *Sylline* a aujourd'hui disparu, remplacé par le genre *Procerœa* Ehlers. M. Malaquin [3] réunit ce dernier genre au genre *Autolytus* Grube.

[1] Ehlers ; *Die Borstenwurmer*, p. 251.
[2] Claparède ; *Les Ann. Chetop. du golfe de Naples*, p. 210.
[3] Malaquin ; *loc. cit.*, p. 75.

M. Malaquin[1] regarde les *Exotokas* comme pourvus de cirres ventraux et les range dans le genre *Exogone* Oersted[2].

Les caractères principaux du genre *Exotokas* sont : Palpes très saillants, coalescents sur toute leur longueur et séparés seulement par un très faible sillon du côté ventral, — trois antennes, — une paire de cirres tentaculaires très réduits ; dans chaque segment, une paire de cirres dorsaux très réduits aussi. Pas de cirres ventraux.

Je n'ai vu qu'un seul Annélide appartenant à l'espèce dont il est question ici. L'animal a été recueilli dans la vase, recouvrant partiellement les valves d'une *Ostrœa* de l'étang de Thau. Peut-être l'*Exotokas brevipes* est-il abondant ; il est probable qu'il est souvent inaperçu à cause de ses petites dimensions. Incolore et transparent, il mesure environ 1 millimètre 1/2 de longueur. Le nombre des segments est de 30.

Le lobe céphalique est nettement séparé du segment buccal et des palpes. Le dessin donné par Claparède ne laisse apercevoir aucune ligne de démarcation entre le lobe céphalique et les palpes. L'ensemble forme un tout continu sans traces de séparation. Il n'en est pas ainsi sur l'échantillon que j'ai étudié : une ligne de démarcation très nette (*fig.* 7, *a*) sépare les palpes du lobe céphalique. Ces palpes sont bien développés, un peu plus longs que le lobe céphalique et le segment buccal réunis. Coalescents sur toute leur longueur, ils sont à peine séparés par un faible sillon ventral. Ce sillon est visible dorsalement.

Le lobe céphalique porte trois antennes, une médiane et deux latérales. Ces trois antennes sont implantées à peu près sur la même ligne : l'antenne médiane s'insère un peu plus en arrière que les latérales. Toutes trois sont un peu renflées en massue. L'antenne médiane est un peu plus longue que les latérales et les dépasse du quart ou du tiers de sa longueur.

[1] Voir la note au bas de la page 24.

[2] Malaquin ; *loc. cit.*, p. 63.

Ces antennes sont un peu moins longues que celles d'*Exolokas Kefersteini;* l'antenne médiane ne dépasse pas les palpes.

En arrière et en dessous des antennes paires, c'est-à-dire à la partie postérieure du lobe céphalique, se trouvent les deux yeux antérieurs, de couleur rouge vineux, beaucoup plus développés que les postérieurs et pourvus de cristallins. Sur la partie antérieure du segment buccal sont deux taches oculaires dépourvues de cristallin et de dimensions bien plus faibles que celles des yeux antérieurs. Les taches oculaires postérieures sont donc séparées des yeux antérieurs par le sillon qui sépare le lobe céphalique du segment buccal (comme chez *Spermosyllis*).

Le segment buccal, dépourvu de soies, porte une paire de cirres tentaculaires de dimensions très réduites. Ils offrent l'aspect d'un simple tubercule en saillie sur la paroi latérale du segment.

Les parapodes sont de faibles dimensions, courts, à peine saillants. Chacun d'eux présente un cirre dorsal très petit, en forme de tubercule. Le cirre ventral n'existe pas. Le dernier segment porte deux cirres anaux très développés, dont la longueur égale au moins la largeur du corps de l'Annélide (*fig.* 7, *e*). Ces cirres sont cylindriques ou à peu près cylindriques, un peu plus larges à la base qu'à l'extrémité libre. (D'après Claparède, sur les exemplaires de Port-Vendres, ils sont renflés à la base et terminés en pointe.) Il n'y a pas d'appendice ventral médian.

L'armature est constituée par des soies composées que Claparède et Langerhans n'ont pas dessinées. Dans chaque faisceau se trouvent une ou deux soies (*fig.* 7, *c*) dont l'article terminal s'effile en une pointe très fine, filamenteuse, flexible. A côté, sont quatre ou cinq soies en serpes, à article terminal très court (*b*). La serpe, unidentée à son extrémité libre, porte, annexée à sa base, une dent assez forte, quelquefois deux (*h*). Le faisceau est soutenu par un ou deux acicules (*g*), dont l'extrémité mousse, un peu renflée, est légèrement déprimée en son centre. Dans les derniers segments, on voit de plus, dorsalement et ventralement, une soie subulée (*d*).

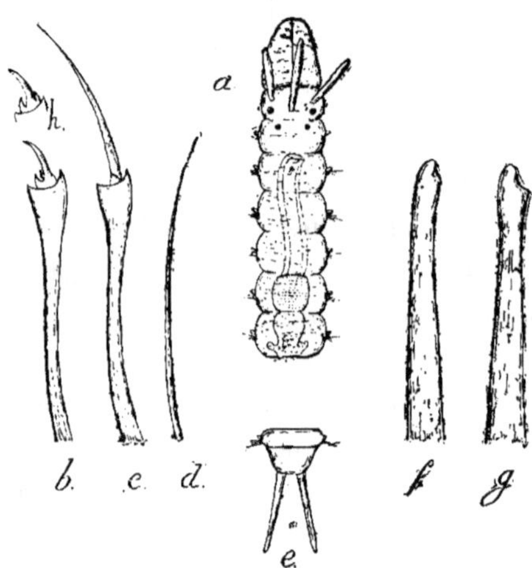

EXOTOKAS BREVIPES CLAPARÈDE.

FIG. 7. — *a*, Région antérieure, face dorsale. — *b*, *h*, Soie à serpe courte. — *c*, Soie à serpe longue.— *d*, Soie subulée.— *e*, Cirres anaux.— *f*, *g*, Acicules.

La trompe, armée d'une dent antérieure, s'étend dans les trois premiers segments sétigères. Elle n'est pas tout à fait rectiligne, mais un peu sinueuse (*fig.* 7, a), dans le seul exemplaire observé à Cette. Des glandes en boyau. Le proventricule occupe le quatrième segment. On compte onze rangées de glandes. Il est suivi d'un ventricule court dans lequel débouchent deux petites glandes homologues des glandes en T.

Claparède a observé des femelles portant des œufs du neuvième au dix-huitième segment. Il en existait un ou deux par segment.

Distribution géographique. — Atlantique (Madère), Méditerranée (Port-Vendres, Cette).

SYLLIS GRACILIS Grube

SYLLIS GRACILIS GRUBE.......... Grube · *Actinien, Echinodermen und Würmer der Adriatischen und Mittelmeeres Königsberg*, 1840, in-4°, p. 77.

— — — Claparède. *Glanures parmi les Annélides de Port-Vendres*, 1864, p. 75 et Pl. V, fig. 3.

— — — Claparède. *Les Annélides chétopodes du golfe de Naples*, 1868, p. 193. Pl. XV, fig. 3.

— — — Marion et Bobretzky. *Etude des Annélides du golfe de Marseille*. (Annales des Sciences naturelles. 6e série. T. II, 1875, p. 23. Pl. II, fig. 6.)

— — — Langerhans. *Die Wurmfauna von Madeira*. (Zeitschrift für wissenschaftliche zoologie. T. XXXII, 1879, p. 540. Pl. XXXI, fig. 8.)

— — — Langerhans. *Ueber einige canarische Anneliden*. (Nova acta Academiæ Cœsareæ Leopoldino-Carolinæ germanicæ naturæ curiosorum. — Verhandlungen der Kais. Leop. Carol. Deutschen Acad. der Naturforscher. T. XLII, p. 105. Halle 1881.)

— — — Malaquin. *Les Annélides polychètes des côtes du Boulonnais* (1re liste). Revue de biologie du Nord de la France, 1890, p. 391.

— — — Webster. *On the Annelida Chœtopoda of the Virginian Coast*. Transaction of the Albany Institute. Vol. ix, p. 202, 1879.

— — — Verrill. *New England Annelida*. Transactions of the Connecticut Academy of Arts and Sciences. Vol. IV, 1882, p. 318, p. 321.

— — — Webster. *Annelida chœtopoda of New-Jersey*. Thirty second Annual Report on the New-York State Museum of natural history, 1879, p. 1-28.

— — — Carus. *Prodromus*, etc., 1884, p. 228.

— — — Malaquin. *Recherches sur les Syllidiens* (1893), p. 45, 80, 95, 328. Pl. VIII, f. 28.

— — — Saint-Joseph. *Les Annélides polychètes des côtes de Dinard*. Annales des Sciences naturelles, 7e série. T. I, 1886, p. 158, et *id. Supplément*, 7e série. T. XX, 1895, p. 190. Pl. XI, fig. 4-7.

Syllis gracilis Grube.......... Gourret *Documents zoologiques sur l'étang de Thau* (Travaux de l'Institut de zoologie de l'Université de Montpellier et de la Station zoologique de Cette. Nouvelle série. Mémoire n° 5, 1896, p. 8).

— — — Mesnil. *Sur un cas de régénération de la partie antérieure du corps et de la trompe chez un Syllidien* (Comptes rendus des séances de la Société de biologie, 9 mars 1901).

Syllis brachycirris Grube..... Grube. *Annulata Œrstediana. Enumeratio Annulatorum, etc.* Vidensk Meddel fra d. Naturhist. Foren. Copenhague, 1857, p. 179 (fide Langerhans).

Syllis Vaucaurica Grube... ... Grube. *Beschreibung neuer von der Novara Expedition. Anneliden.* Verhandlg. d. Zool. Bot. Ges. Wien. 16 Bd 1866, p. 25 (fide Langerhans).

Syllis quadridentata Czerniavsky. Czerniavsky. *Materialia ad Zograflam Ponticam comparatam.* (Bulletin de la Société des Naturalistes de Moscou, 1881, in-8°, Moscou, p. 397) (*fide* Saint-Joseph).

Syllis navicellidens — Czerniavsky. *Id.*

Syllis nigrovittata — Czerniavsky. *Id.*

Syllis mixtosetosa Bobretzky.. Bobretzky. *Matériaux pour la faune de de la mer Noire, Annélides*, 1862. (Mémoires de la Société des Naturalistes de Kief. T. 1, fig. 49, 50). (En langue russe) (*fide* Marion).

Je n'ai encore récolté qu'un petit nombre de ces animaux. La plupart proviennent de l'étang de Thau. Les uns se dissimulent au milieu des tubes de Serpules agrégés en polypiers ; les autres se cachent sous les lamelles des valves d'Ostrœa perforées par *Polydora hoplura* et *Sabella reniformis*. Un seul exemplaire provient de dragages effectués au large du port de Cette.

La couleur de l'Annélide est jaune brun pâle ; parfois la teinte brune est un peu plus accentuée. De fines stries formées de points bruns, parallèles entre elles, plus ou moins nombreuses, sont souvent bien visibles sur la face dorsale des premiers segments.

Claparède a compté chez un échantillon 150 segments: la longueur (y compris le stolon) était de plus de cinq centimètres. Les exemplaires provenant des eaux de Marseille sont, d'après Marion, d'une taille supérieure. Les échantillons les plus développés étudiés par Langerhans mesurent deux centimètres, avec 125 segments. Grube a vu un exemplaire de plus de 370 segments. J'ai pu observer cinq ou six Annélides appartenant à l'espèce dont il est question : l'un d'eux, le plus long, mesurait 5 centimètres, avec 139 segments.

Le lobe céphalique est une fois et demie aussi large que long. Il est arrondi en avant ; parfois il présente une très légère saillie médiane antérieure. Il présente quatre yeux bruns noirâtres, sans cristallins, disposés en trapèze (*fig. 8, a*).

Les palpes sont bien développés, au moins aussi larges à la base que le lobe céphalique, débordant souvent celui-ci à droite et à gauche. Ils présentent une alternance de bandes claires et de bandes sombres, et sont un peu plus longs que le lobe céphalique. Les deux figures que donne Claparède[1] sont, du reste, loin de concorder.

Les antennes sont relativement épaisses, ainsi que les cirres, et ne sont pas très longues. L'antenne médiane, qui est la plus développée, dépasse les palpes d'un quart de sa longueur, tout au plus. Elle compte de dix à douze articles et s'insère un peu en avant des yeux postérieurs. Les antennes latérales comptent de huit à neuf articles; elles s'insèrent un peu en avant et en dedans des yeux antérieurs.

Le segment buccal, moins développé que les suivants, est bien visible dorsalement. Il porte deux cirres tentaculaires dont le nombre des articles est de huit à dix. Les cirres dorsaux portés par les segments suivants comptent de dix à douze articles; ils alternent avec des cirres un peu plus courts à sept ou huit articles seulement. Ces cirres dorsaux ne sont pas aussi longs que le segment est large. Ceux du second segment

[1] Claparède ; *Annélides Chét. Naples*. Pl. 15, fig. 3. — *Glanures*. Pl. 5, fig. 3.

ne sont pas plus longs que les autres. Le cirre ventral (*fig. 8, a*), de forme conique, un peu recourbé, beaucoup moins développé que le cirre dorsal, est situé près de l'extrémité libre du parapode. Le dernier segment est porteur de deux cirres anaux; de plus, du côté ventral, il présente un petit appendice impair et médian.

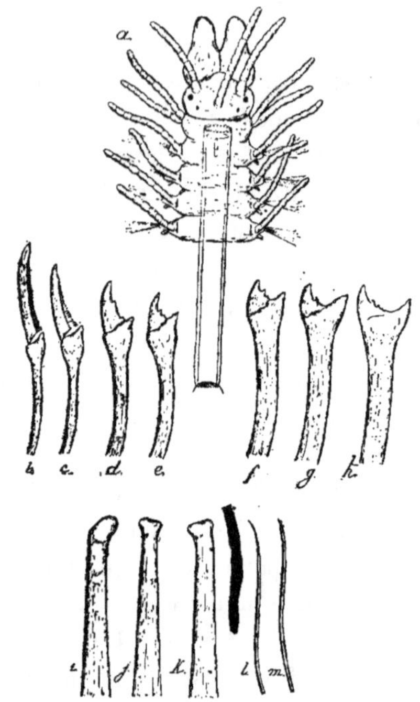

Syllis gracilis Grube.

Fig. 8. — *a*, Région antérieure, face dorsale. — *b*, Soie en serpe. — *h*, Soie ypsiloïde. — *c*, *d*, *e*, *f*, *g*, Formes de passage entre *b* et *h*. — *i*, *j*, *k*, Acicules. *l*, Soie subulée dorsale. — *m*, Soie subulée ventrale.

La trompe, dont le bord extérieur est festonné, est armée d'une dent conique en avant, arrondie en arrière. Celle-ci est placée tout à fait à la partie antérieure de la trompe qui s'étend dans les douze ou treize premiers anneaux. Le proventricule occupe les quatre segments suivants; il présente de quarante-cinq à cinquante rangées de glandes. Ce proventricule offre une longueur un peu plus grande sur les échantillons étudiés par Claparède : le nombre des rangées de glandes est, chez ces derniers, de soixante. Il en est de même pour les exemplaires étudiés par Langerhans. L'anneau incolore de la trompe, signalé par Claparède, fait souvent défaut, ainsi que l'a constaté Marion. Le ventricule porte les deux poches latérales en T, bien développées.

Les soies n'ont été que très imparfaitement figurées par Claparède. Langerhans les représente sommairement ; M. Malaquin dessine une soie ypsiloïde ; Marion les figure avec exactitude. Elles présentent des formes spéciales, dont une est caractéristique de l'espèce : la soie simple ypsiloïde, en forme de fourche (*fig.* 8, *h*). Les rames sont uniquement armées de soies de cette dernière forme dans un certain nombre de segments. D'autres segments sont armés, à la fois, de soies furciformes et de soies composées à grande serpe, bidentées, finement pectinées (*fig.* 8, *b*). Des acicules boutonnés dans tous les segments (*i*, *j*, *k*) et des soies simples subulées (*l*, *m*), dans les derniers anneaux seulement, complètent cette armature.

La répartition des soies varie, du reste, suivant le nombre des segments. Ainsi, sur un des plus petits exemplaires observés à Cette (quarante-neuf segments) la répartition des soies est la suivante (en laissant de côté les acicules boutonnés) : les dix-neuf premiers segments (première région) ne sont armés que de soies composées, sans soies furciformes — les segments vingt et vingt et un (deuxième région) présentent à la fois des soies composées et des soies furciformes (au nombre de deux ou trois) — les segments 22 à 45 (troisième région) sont armés uniquement de deux ou trois soies simples furciformes,— les segments 46 et 47 (quatrième région) portent à la fois des soies composées et des soies simples furciformes;— les deux derniers segments (cinquième région) 48 et 49, sont dépourvus de soies simples furciformes et sont armés de soies composées. De plus, chaque rame, dans les quatre derniers segments, porte ventralement une soie subulée simple (l) et dorsalement une soie subulée à deux pointes (m).

En définitive, il y a cinq régions, armées de façon différente (en ne tenant pas compte des derniers segments porteurs, en nombre très variable, de soies subulées).

Ces cinq régions, comme l'a montré Langerhans, se retrouvent toujours si l'Annélide possède un nombre assez grand de segments. L'augmentation du nombre total des segments est due surtout à l'augmentation du nombre des segments de la troisième région. Ainsi, sur l'échantillon le plus développé observé à Cette (139 segments), la répartition des soies est la suivante : Les segments 1 à 18 (première région) ne portent que des soies en serpe ; — les segments 19-22 (seconde région) sont armés à la fois de soies en serpe et de soies en fourche ; — les segments 23 à 114 (troisième région) ne présentent que des soies en fourche ; — les segments 114 à 124 (quatrième région) portent des soies en fourche et des soies composées ; — les segments 124 à 139 (cinquième région) sont armés de soies composées. Les rames des dix derniers segments présentent, dorsalement et ventralement, la soie subulée dont il a déjà été question.

Il est à remarquer, comme l'a fait observer Langerhans[1], que la soie simple furciforme ne diffère pas autant qu'il semble à première vue de la soie composée à serpe bidentée. On constate facilement que la troisième et la quatrième région sont des régions de transition, dans lesquelles on observe de nombreux termes de passage de la soie composée à la soie simple. La serpe devient plus courte et plus large ; la hampe elle-même devient plus forte. La dent subterminale de la serpe devient plus forte, abandonne peu à peu sa position près de l'extrémité libre, et devient plus proche de l'articulation. Cette articulation disparaît elle-même, l'article terminal en serpe se

[1] Langerhans, *loc. cit.*, p. 587.

soude à la hampe et la soie composée devient, par suite, une soie simple. Du reste, sur la soie furciforme complètement développée, on aperçoit toujours, ou presque toujours un sillon assez net, trace de la soudure des deux articles de la soie (*fig.* 8, *h*). Cette série de transformations est représentée sur la *fig.* 6, *b*, *c*, *d*, *e*, *f*, *g*, *h*. Les soies représentées sur cette figure ont été dessinées sur le même animal.

Langerhans a compté les segments d'un certain nombre de *Syllis gracilis* et soigneusement pris note de la composition de l'armature correspondant à chacun des segments. Il a dressé à ce sujet plusieurs tableaux[1] et montré que le nombre des segments de la première et de la seconde région est variable dans de certaines limites et sans rapports avec le nombre total de segments. La multiplication des segments à soie simple (troisième région) marche de pair avec l'augmentation du nombre des segments de l'Annélide ; cette troisième région, à mesure qu'elle acquiert une importance plus grande, semble refouler vers l'arrière les segments formant la quatrième et la cinquième région. En d'autres termes, les segments porteurs de soies en serpe et de soies furciformes (quatrième région) perdent, à mesure que l'animal croit, leurs soies composées et ne gardent que des soies simples. Ils appartenaient d'abord à la quatrième région, puis ils font partie de la troisième. Il en est de même pour les derniers segments. Primitivement armés de soies composées, ils acquièrent ensuite des soies simples ; ils cessent ainsi de faire partie de la cinquième région et se rangent dans la quatrième. En un mot, chaque segment traverse trois stades de développement : Il ne présente d'abord que des soies composées ; puis des soies composées et des soies simples, et enfin rien que des soies simples. Les tableaux dressés par Langerhans et les quelques observations faites par moi-même, n'autorisent les conclusions précédentes que pour les

[1] Langerhans; *loc. cit.*, p. 583, 584.

trois dernières régions (par suite du nombre des segments des exemplaires observés, environ 50 pour les plus petits), mais tout porte à croire que ces conclusions s'étendent aussi à la quatrième région et qu'elle obéit, elle aussi, au même mode de développement.

D'un autre côté, on sait que la multiplication du nombre des segments de la troisième région marche de pair avec l'augmentation du nombre total des segments de l'Annélide ; en d'autres termes, moins l'Annélide présente de segments, plus le nombre de segments porteurs de soies simples (troisième région) est réduit. Il doit donc exister des exemplaires dont le nombre de segments est peu élevé, et chez lesquels la troisième région n'existe pas. En effet, Langerhans a observé un Annélide à 30 segments, chez lequel la troisième région n'était pas représentée. Les segments 1 à 14 ne portaient que des soies composées, — les segments 15 à 24 étaient armés de deux ou trois soies composées et d'une soie simple, — les segments 25 à 29 ne présentaient que des soies composées.

J'ai pu, de mon côté, observer un échantillon de vingt-huit segments, chez lequel la troisième région n'est pas représentée, et comme dans l'exemplaire signalé par Langerhans, la seconde et la quatrième région n'en forment qu'une seule ; les segments 1 à 13 ne portent que des soies composées, — les segments 14 à 22 présentent des soies composées et une soie simple, — les segments 23 à 27 sont armés seulement de soies composées. — C'est le stade *Ehlersia* de Langerhans. Chez des animaux plus jeunes, dont le nombre de segments est peu élevé, l'armature est uniquement représentée par des soies composées. Les soies simples n'ont pas encore fait leur apparition.

D'après M. de Saint-Joseph, les diverses espèces créées par Czerniavsky (*Syllis quadridenta*, *S. navicellidens*, *S. nigrovittata*) doivent être considérées comme des variétés de *S.*

gracilis Grube et rapportées à cette espèce. Marion regarde comme une variété de la forme méditerranéenne l'Annélide trouvé par Bobretzky dans la mer Noire et décrite sous le nom de *Syllis mixtosetosa*.

Distribution géographique. — Atlantique, Pacifique, mer Noire, Méditerranée (Naples, Marseille, Cette, Port-Vendres).

SYLLIS CORNUTA Rathke

SYLLIS CORNUTA RATHKE........	Rathke. *Beitrage zur fauna Norwegen.* Nova acta Acad. Leopol. Carol., etc. T. XX, 1843, p. 165. Pl. VII, fig. 12.
— — —	Malmgren. *Annulata polychæta Spetsbergiæ, Gronlandiæ, Islandiæ et Scandinaviæ hactenus cognita.* Ofversigt of Kongl Vetenskaps Akademiens Forhandlingar. Stockholm, 1867, p. 161. Pl. VIII, fig. 45.
— — —	Johnston. *A Catalogue of the British non parasitical Worms in the collection of the British Museum.* London, 1865, p. 192.
— — —	Mac Intosh. *On the structure of the British Nemerteans and some new British Annelids.* Transactions of the royal Society of Edimburgh. T. XXV, 1869, p. 415. Pl. XVI, fig. 15.
— — —	Johnston. *A Catalogue of the British non parasitical Worms.* London, 1865, p. 192.
— — —	Ehlers. *Beitr. zur Kenntniss der Vertical Verbreitung der Borstenwurmer im meere* (Zeitsch fur wissensch. zool. T. 25, 1875, p. 21).
EHLERSIA CORNUTA............	Langerhans. *Die Wurmfauna*, etc., *I, loc. cit.*, p. 537. Pl. XXXI, fig. 5.
— — —	Langerhans. *Die Wurmfauna von Madeira IV.* Zeitsch. fur wissens. Zoologie, 1884. T. XL, p. 247
.. —	M. Intosh. Notes from the Gatty Marine Laboratory, St-Andrews. N° XXII. *Annals and Magazine of Natural history*, 7me série. T. IX, 1902, p. 297-298.

CHŒTOSYLLIS ŒRSTEDI MALMGREN?	Malmgren. *Annulata polychœta*, etc..... *ut Supra*, 1867, p. 162. Pl. IX, fig. 51.
SYLLIS SEXOCULATA EHLERS......	Ehlers. *Die Borstenwurmer*, *Leipzig*. 1864, p. 241. Pl. X, fig. 5, 7, 8.
— — —	Marion et Bobretzky. *Etude des Annélides du golfe de Marseille*. (Annales des Sc. naturelles ; 6e série. T. II, 1875, p.20.)
— — —	Marion. *Dragages au large de Marseille*. (Annales des Sc. naturelles ; 6e série. T. VIII, 1879, p.18, fig. 3, 3 a).
— — —	Marion. *Dragages profonds au large de Marseille*.(Revue des Sciences naturelles, Montpellier. T. IV, 1875, p. 470, p. 475.)
— — —	Carus. *Prodromus*, etc., 1884, p. 228.
EHLERSIA SEXOCULATA EHLERS...	Quatrefages. *Histoire naturelle des Annelés*, 1865. T. II, p. 33
— — —	Giard. *Le laboratoire de Wimereux en 1889*. Bull. Scientif. de la France et de la Belgique. T. XXII, 1890, p. 79.

On drague cet Annélide sur les quais, dans l'étang de Thau et au large de Cette, au milieu des Serpules, etc.

La couleur est gris jaunâtre avec une bande transversale brune, plus ou moins nette, sur les premiers segments. La plus grande longueur observée est deux centimètres, sur un animal de 93 segments.

Les deux palpes bien développés et complètement séparés ne présentent pas une largeur égale à celle du lobe céphalique. Ils sont plus massifs (*fig.* 9, *a*) et un peu plus épais que ceux dont Ehlers donne le dessin.

La longueur du lobe céphalique est égale environ aux deux tiers ou aux trois quarts de sa largeur. Le bord antérieur saillant est légèrement échancré au niveau de la ligne médiane. La forme de ce lobe céphalique, dessiné sur la *figure* 7, présente, comme on le voit, de notables différences avec le dessin donné par Ehlers. Les trois paires d'yeux sont caractéristiques de l'espèce. Les deux yeux antérieurs, sans cristallin, présentant l'aspect de deux petites taches rondes, sont placés près du bord antérieur du lobe céphalique, en avant et en dedans des antennes latérales. Les deux yeux médians sont les plus développés. Ils sont munis de cristallins et placés en arrière et un peu en dehors des antennes latérales. Enfin, les postérieurs, moins développés que les précédents, sont situés en arrière et en dedans de ces derniers, sur la même ligne antéro-postérieure que les deux petits yeux antérieurs. Les deux yeux postérieurs sont pourvus ou non de cristallin.

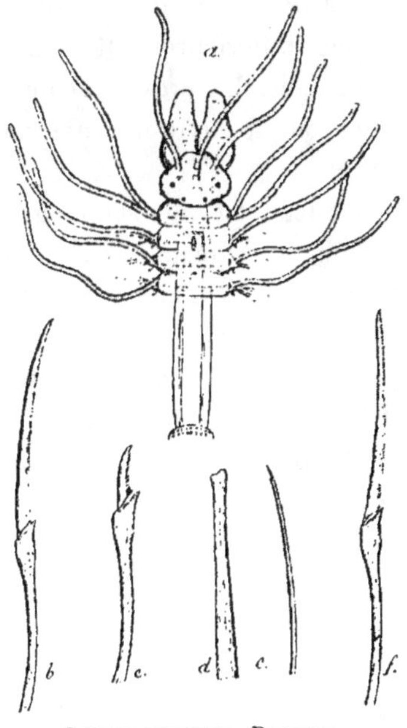

SYLLIS CORNUTA RATHKE.

FIG. 9. — *a*, Région antérieure, face dorsale. — *b*, *f*, Soies à serpe longue. *c*. Soie à serpe courte. — *d*, Acicule. — *e*, Soie subulée.

L'antenne médiane est un peu plus longue que les latérales, deux fois plus longue environ que l'ensemble formé par les palpes et le lobe céphalique. Cette antenne est de forme élancée, grêle, ainsi que les antennes latérales et les cirres. Elle compte environ vingt-huit articles.

Le segment tentaculaire porte une paire de cirres : le cirre dorsal est à peu près aussi long que l'antenne médiane ; le cirre ventral est un peu moins long que le précédent.

Les cirres dorsaux présentent la forme grêle des antennes, mais leurs articles sont peut-être un peu moins nettement séparés. Leur longueur est égale à deux fois ou deux fois et demie la largeur du segment. Le cirre ventral, de dimensions réduites, est un peu plus long que le parapode. Il est cylindrique. Les deux cirres anaux, segmentés, offrent l'aspect des cirres dorsaux. Sur la ligne médiane est un tubercule impair.

La trompe, armée antérieurement d'une dent, s'étend jusqu'au dixième segment. Le proventricule occupe les trois segments suivants et compte environ trente rangées de glandes.

Cette espèce est caractérisée non seulement par les six yeux que porte le lobe céphalique, mais aussi par les soies, toutes composées et bidentées, mais de deux formes très différentes. Les unes, en effet, sont pourvues d'une serpe courte (*c*), les autres d'une serpe très longue, mince et effilée (*b*); toutes deux, serpes courtes et longues, sont finement pectinées, ainsi que l'a fait remarquer Marion. Cet auteur a, du reste, dessiné avec exactitude les deux espèces de soies qu'Ehlers n'avait représentées que d'une façon approximative. Les serpes longues sont très flexibles : elles perdent souvent leur forme recourbée et deviennent rectilignes; quelquefois elles se recourbent en sens inverse, le côté concave devient convexe et réciproquement (*f*). Les premiers segments sont armés de chaque côté de sept à huit soies à serpe courte et de une ou deux à serpe longue. Puis ce chiffre augmente et l'on trouve, dans chaque rame, quinze à vingt soies à serpe courte et deux à quatre soies à serpe longue. Dans les segments appartenant au dernier tiers de l'Annélide, ce nombre diminue insensiblement.

Chaque faisceau est pourvu, en outre, de deux ou trois acicules boutonnés (*d*). Les derniers segments, en nombre variable, portent dorsalement et ventralement une soie subulée (*e*) dont la pointe terminale est précédée d'un petit denticule.

Distribution géographique. — Mers du Nord (Norwège,

Spitzberg), Atlantique (Wimereux, Madère), Adriatique, Méditerranée (Marseille, Cette).

GENRE POLYCIRRUS Grube

Tous les Annélides de ce genre présentent des tissus particulièrement délicats. Ils se lacèrent à la moindre manipulation. Ces animaux périssent très rapidement en aquarium. Ils sont presque tous phosphorescents.

Le lobe céphalique, dépourvu de branchies, concave du côté ventral, porte dorsalement un nombre considérable de tentacules. Très extensible, il modifie continuellement sa forme : il s'étale en forme de feuille ou se contracte en se plissant, de façon à prendre l'aspect d'une sorte de mufle.

Le premier bouclier ventral est impair, aussi large que le segment buccal. Les autres boucliers sont au nombre de deux par anneau, séparés par un très faible sillon médian longitudinal.

Il n'y a ni vaisseaux, ni diaphragme œsophagien. Le liquide cœlomique, contenant de nombreux corpuscules, est mis en mouvement par les contractions continuelles du corps.

Le tube digestif est fixé aux parois du corps par un ligament mésentérique dorsal et par de nombreuses brides latérales. A la bouche fait suite un œsophage, un estomac glandulaire jaune, suivi d'une région de couleur sombre ou grise (estomac chitineux). Enfin, la dernière partie du canal digestif est formée par l'intestin de couleur jaune. Il commence, avec la région abdominale, au treizième segment. Le corps se rompt souvent brusquement entre le huitième ou le neuvième, ou entre le neuvième et le dixième sétigère. La partie antérieure se referme toujours dans sa région terminale : les fibres musculaires se contractent comme un sphincter. C'est la partie antérieure d'un *P. caliendrum*, ainsi mutilé, que Claparède a représentée.

Les organes segmentaires, en nombre variable, sont en général bien développés et bien visibles.

Les premiers segments sont armés seulement de soies dorsales. Les plaques onciales ventrales n'existent donc pas dans ces premiers segments sétigères. On les voit, en général, dans les derniers anneaux thoraciques et dans tout l'abdomen. Dans cette dernière région, elles sont toujours accompagnées de soies de soutien. Ces plaques, aussi bien celles du thorax que de l'abdomen, sont toujours disposées en une rangée simple rétrogressive.

Comme l'ont déjà fait remarquer plusieurs auteurs, il est bon de verser dans le genre *Polycirrus* les genres *Leucariste* Malmgren, *Ereutho* Malmgren, *Aphlebina* (*Apneumœa*) Quatrefages, *Cyaxares* Kingberg et *Dejoces* Kingberg.

Langerhans limite le thorax aux anneaux dont les uncini sont dépourvus de soies de soutien. Ces dernières caractérisent les segments abdominaux. Il divise les formes connues en deux groupes, basés sur l'absence ou la présence de plaques onciales thoraciques. Les caractères spécifiques sont assez délicats à apprécier. Le nombre des boucliers est essentiellement variable dans une même espèce. Par contre, le nombre des organes segmentaires, toujours fixe dans une espèce donnée, devient un caractère de grande valeur.

Le nombre des segments sétigères est essentiellement variable et ne peut servir à déterminer le genre. Il est variable dans une même espèce. Les faisceaux dorsaux augmentent, en effet, en nombre avec l'âge. Les segments thoraciques présentent une armature très variable. Les soies dorsales sont toujours représentées, mais les plaques onciales disparaissent dans plusieurs segments, quelquefois dans tous. Dans une même espèce, on trouve des exemplaires dont les anneaux thoraciques 8-12 sont pourvus de plaques onciales, tandis que d'autres n'en présentent aucune trace. Les uncini thoraciques ne sont donc d'aucun secours au point de vue de la détermination des caractères spécifiques.

Le premier segment abdominal est généralement le treizième (ou le quatorzième). Ce chiffre paraît fixe ; mais le nombre des espèces décrites jusqu'ici est assez grand, et la grande majorité d'entre elles présente des soies de soutien au treizième anneau ; aussi, le numéro d'ordre du premier segment abdominal ne fournit-il que des renseignements peu utiles au point de vue des déterminations spécifiques.

La forme des soies et celle des plaques onciales constituent les deux caractères spécifiques de premier ordre. Les soies sont capillaires ou limbées et dentelées, et peuvent être étudiées avec facilité. Il n'en est pas de même des plaques onciales : le nombre des dents, leur position respective, sont très variables. De plus, les dimensions de ces dents sont souvent très faibles ; d'où des difficultés d'observation souvent très grandes. Il est possible que le nombre des espèces soit réduit, par suite d'un examen plus précis des plaques onciales ; il est possible aussi que la présence de plaques onciales thoraciques soit signalée chez des animaux dont le thorax est regardé comme armé uniquement de soies capillaires ou limbées. La révision du genre *Polycirrus*, basée sur un examen attentif des soies et des uncini, réserve probablement des surprises.

La classification, pour M. de Saint-Joseph, doit être établie de la façon suivante :

Pas de plaques onciales : *Lysilla* Malmgren.

Plaques onciales aciculiformes : *Amœa* Malmgren.

Plaques onciales aviculaires : *Polycirrus* Grube.

POLYCIRRUS CALIENDRUM Claparède

POLYCIRRUS CALIENDRUM CLAPARÈDE. Claparède. *Les Annélides Chétopodes*, etc... *Naples*, 1868, p. 406. Pl. XXIX, fig. 2.

— — — Lo Bianco. *Gli annelidi tubicoli trovati nel golfo di Napoli*. Atti della Reale Accademia delle Scienze fisiche e matematiche. Napoli, 1893, p. 59.

Polycirrus caliendrum Claparède. Saint-Joseph. *Les Annélides polych. Dinard*, 1894, *loc. cit.*, p. 237. Pl. X. fig. 263-269.

— — — Carus. *Prodromus*, etc., Pars, I, 1884, p. 267.

Très abondant de quarante à cent mètres de profondeur. On le drague avec les valves de Lamellibranches, les Protules, etc. On le drague aussi dans l'étang de Thau, à une profondeur bien moindre par conséquent, au milieu des Serpules, Hydroïdes, valves d'Ostrœa, etc.

La couleur est orangée, jaune safran. La plus grande longueur observée sur les exemplaires de Cette est de huit centimètres.

La membrane tentaculifère, très extensible (*fig. 10*, a), est striée de taches de pigment sur la face dorsale. Son bord antérieur s'étale en une collerette délicate qui embrasse la base des tentacules. Ceux-ci sont de deux espèces : les médians sont jaune soufre, les externes sont beaucoup moins colorés. Les premiers sont souvent élargis et renflés en fuseau à leur extrémité libre; les seconds sont cylindriques : mais cette différence entre les deux groupes est loin d'être absolue. Aussi bien les uns que les autres fonctionnent comme cordes de hâlage (selon l'expression de Claparède) dans la locomotion de l'animal. Ils forment un peloton inextricable, cachant la partie antérieure de l'animal, en façon de perruque (d'où le nom spécifique).

Sur la face ventrale se trouvent huit paires de boucliers ventraux. Ce nombre n'est pas fixe; il peut être plus grand et s'élever à dix.

Les six premiers segments sétigères présentent chacun une paire d'organes segmentaires. Leurs dimensions sont inégales. La première paire est bien plus développée que la seconde; la troisième l'est aussi plus que la seconde. Les trois autres, de dimensions à peu près égales, sont moins importantes que les précédentes. Les organes segmentaires présentent la forme d'un U dont les deux branches, ciliées intérieurement, sont accolées[1]. La branche interne, colorée en jaune orangé, quelquefois en rouge, débouche dans la cavité générale par un entonnoir cilié. La branche externe est incolore et s'ouvre extérieurement par un pore latéral.

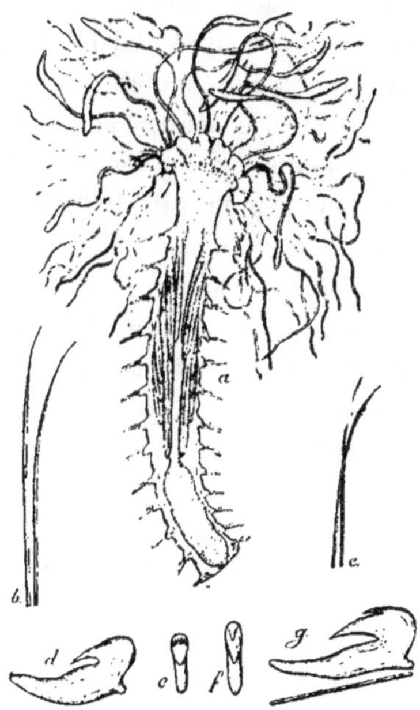

POLYCIRRUS CALIENDRUM CLAPARÈDE.

FIG. 10. — *a*, Région antérieure, face dorsale. — *b*, Soies capillaires longues. *c*, Soies capillaires courtes. — *d*, Plaque onciale thoracique, profil. — *e*, Plaque onciale thoracique, face. — *f*, Plaque onciale abdominale, face. - *g*, Plaque onciale abdominale, avec soie de soutien, profil.

Le nombre des segments sétigères est très variable. D'après Claparède, les soixante-quinze premiers segments sont pourvus de soies. Les quarante derniers n'ont que des plaques onciales. Le nombre total est donc cent quinze. Lo Bianco trouve aussi des soies capillaires jusqu'au soixante-quinzième segment. Le nombre total serait de quatre-vingt-dix segments. Les chiffres

[1] Saint-Joseph; *loc. cit.*, p. 238. Pl. X, fig. 267.

donnés par M. de Saint-Joseph diffèrent des précédents, au point de vue du nombre des segments armés de soies capillaires. Il oscille entre trente-quatre et cinquante-neuf; le nombre total varie de soixante-deux à cent treize. Je n'ai jamais observé à Cette le chiffre de soixante-quinze segments à soies capillaires. Les deux termes extrêmes sont dix-huit et trente segments sétigères sur un nombre total de soixante à cent deux. Mais il est bon de noter que le nombre des segments pourvus de soies capillaires est, en général, d'autant plus élevé que le nombre total des segments est plus grand, ainsi que l'a fait remarquer Langerhans à propos de *Polycirrus aurantiacus*. C'est sur des animaux de grandes dimensions que Claparède et Lo Bianco ont constaté la présence de soixante-quinze sétigères. Cette donnée que le nombre des segments sétigères est proportionnel au nombre total des segments est applicable, je crois, à toutes les espèces de Polycirrus. J'ai pu, en tout cas, en vérifier l'exactitude sur les six espèces de Polycirrus représentées à Cette[1].

Ces soies dorsales se montrent à partir du second segment. Elles sont capillaires, plates, dépourvues de limbe, sans dentelures, au nombre de quarante environ par faisceau. Celui-ci est divisé en deux parties, l'une uniquement formée de longues soies (*fig. 10, b*), l'autre composée de soies beaucoup plus courtes (*c*). Toutes ont la même forme. Dans les derniers segments sétigères, le nombre des soies diminue insensiblement et devient de moins en moins important. Les soies sont aussi de longueur bien moindre dans ces derniers anneaux sétigères.

Les plaques onciales thoraciques, ventrales, commencent quelquefois au neuvième segment thoracique. Je n'y puis voir une règle générale. Rien n'est, en effet, plus variable que le

[1] *Polycirrus caliendrum* Claparède. — *P. aurantiacus* Grube. — *P. denticulatus* Saint-Joseph. — *P. tenuisetis* Langerhans. — *P. triglandula* Langerhans. — *P. Smitti* Malmgren

numéro d'ordre du segment dans lequel apparaissent ces uncini : rarement avant le huitième, (une seule fois, au septième), quelquefois au huitième, neuvième, dixième, onzième segment sétigère. Dans certains, cas, le douzième seul en est pourvu. Très souvent aussi, les anneaux thoraciques en sont absolument privés. D'une façon générale (ainsi que l'a fait remarquer Langerhans, à propos de *Polycirrus aurantiacus*), le nombre de segments thoraciques armés de plaques onciales diminue à mesure que le nombre total des segments augmente. Cette remarque doit être généralisée et s'appliquer probablement à toutes les espèces du genre *Polycirrus*. J'ai pu en vérifier l'exactitude sur les six espèces de Cette. Peut-être les jeunes présentent-ils des plaques onciales à tous ou à presque tous les segments thoraciques.

Vues de profil (*d*), ces plaques paraissent avoir deux dents, une grande dent inférieure, et une plus petite supérieure. De face, on constate que la dent inférieure est surmontée (*e*) d'une série de denticules. La base est un peu moins longue que celle des plaques onciales abdominales, et peut-être un peu plus courbe. Elle présente une petite saillie postérieure. La forme de ces plaques est du reste un peu variable, non seulement d'un animal à un autre, mais aussi chez le même animal et dans une même rangée. C'est surtout dans les anneaux thoraciques où se montrent les plaques les plus antérieures qu'apparaissent les différences de forme. Le huitième ou neuvième segment thoracique sétigère ne présente souvent que deux ou trois plaques (par rangée), quelquefois une seule, de dimensions faibles et comme incomplètement développées. Le chiffre normal, quand plusieurs segments thoraciques sont pourvus d'uncini, paraît être de cinq à huit.

Les plaques onciales abdominales commencent au treizième segment. Elles sont toujours appuyées de soies de soutien. Celles-ci n'existent jamais dans la région antérieure, dite thoracique. Les plaques présentent deux dents : l'inférieure est beaucoup plus développée que la supérieure (*g*). La base est plus ou moins recourbée et présente toujours une saillie postérieure. Elles sont quelque peu variables comme forme : aussi est-il bon d'observer la plaque la plus développée, située à l'extrémité de la rangée. Elles sont en moyenne au nombre de quinze ou vingt dans chaque rangée. On les trouve sur tous les segments abdominaux.

Des œufs ou des spermatozoïdes dans la cavité générale, à partir de mars.

Distribution géographique. — Atlantique, Méditerranée (Naples, Cette).

POLYCIRRUS AURANTIACUS Grube

POLYCIRRUS AURANTIACUS GRUBE. Grube. *Beschreibung never oder wenig bekannt Anneliden.* (Archiv. für Naturgeschichte 1860. T. V. I, p. 110.)

— — — Mac Intosh. *On the structure..... etc., Annelids*, 1869, *loc. cit.*, p. 424. Pl. XV, fig. 18, 19.

— — — Langerhans. *Die wurmfauna von Madeira*, III. (Zeitschrift für wiss. Zool. T. XXXIV' 1880, p. 109, fig. 23 et 52.)

— — — Langerhans. *Die Wurmfauna etc.*, IV. (Zeitschrift, etc. T. XL, 1884, p. 266.)

— — — Lo Bianco. *Gli Annelidi*, etc., *Napoli*, 1893 (*loc. cit.*, p. 60).

— — — Saint-Joseph. *Les Ann. polych.*, etc. *Dinard, loc. cit.*, 1894. p. 239.

— — — Carus. *Prodromus*, etc., 1884, pars I, p. 267.

— — — Marenzeller. *Polychæten der grundes gesammelt*, 1890-91 et 1892 (Denkschriften der Kaiserlichen akademie der wissenschaften, Wien. 1893, p. 34. Pl. III, fig. 8.

Abondant. On le trouve avec le précédent. La longueur est de quatre à huit centimètres.

La description du *Polycirrus caliendrum* permet de résumer brièvement les caractères principaux de l'espèce dont il est question ici. En effet, le *P. aurantiacus* diffère surtout de l'espèce précédente par la présence de trois paires d'organes segmentaires seulement (au lieu de six). La dernière paire est la plus développée.

La couleur rappelle beaucoup celle du *Polycirrus caliendrum*. Cette couleur serait plus foncée, d'après M. de Saint-Joseph, sur les exemplaires de Dinard. D'autre part, elle est souvent peu marquée : Langerhans a décrit des échantillons incolores provenant de Madère. Les exemplaires dragués à Cette présentent en général une coloration identique à celle du *P. caliendrum* ; mais cette couleur est d'autant plus pâle

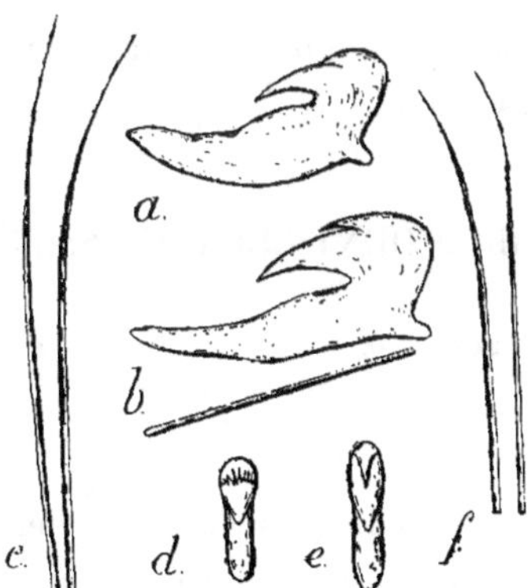

POLYCIRRUS AURANTIACUS GRUBE.

FIG. 11. — *a*, Plaque onciale thoracique, profil. — *b*, Plaque onciale abdominale et soie de soutien, profil. — *c*, Soies capillaires longues. — *d*, Plaque onciale thoracique, face. — *e*, Plaque onciale abdominale, face. — *f*, Soies capillaires courtes.

que les échantillons sont de taille moindre. Du reste, les échantillons de Langerhans avaient une longueur de un centimètre seulement.

Il y a de huit à onze paires d'écussons ventraux.

Je ne puis que répéter, à propos des soies et des plaques onciales, ce que j'ai déjà dit au sujet de l'espèce précédente. Les chiffres donnés pour la première peuvent s'appliquer à la seconde[1]. Les segments sétigères antérieurs sont armés de soies capillaires, identiques à celle de *P. caliendrum* (*fig. 11, c f*). Le nombre de ces segments est proportionnel, en quelque sorte, au nombre total des segments de l'Annélide, etc., etc.

Les plaques onciales *a, b, d, e*, présentent la forme des uncini de *P. caliendrum*. Comme chez ce dernier, les soies de soutien apparaissent au 13e segment sétigère, etc. En résumé, le seul caractère différentiel entre *Polycirrus caliendrum* et *P. aurantiacus* réside dans le nombre des organes segmentaires, six paires chez le premier, trois chez le second.

Des œufs dans la cavité générale, à partir de mars.

Distribution géographique. — Atlantique, Méditerranée (Madère, Naples, Cette).

POLYCIRRUS DENTICULATUS Saint-Joseph

POLYCIRRUS DENTICULATUS SAINT-JOSEPH. Saint-Joseph. *Les Annélides polych.*, etc., Dinard, *loc. cit.*, 1894, p. 242. Pl. X, fig. 271-274.

On le drague avec les deux espèces précédentes.

Langerhans[2] a décrit une espèce nouvelle, de Madère. *Polycirrus triglandula*, pourvu de trois paires d'organes segmentaires. M. de Saint-Joseph, de son côté, a trouvé à Dinard un autre *Polycirrus*, le *P. denticulatus* qui diffère du *P. triglandula* par le nombre des organes segmentaires : six paires au lieu de trois. Cette nouvelle espèce est aussi voisine du *P. triglandula* que le *P. caliendrum* est voisin du *P. aurantiacus*. Ces organes segmentaires sont de couleur grisâtre.

Le corps et les tentacules sont incolores (*fig 12*, a) ou très

[1] Le nombre le plus grand de segments sétigères observés jusqu'ici chez *P. aurantiacus* est quarante (Lo Bianco, Saint-Joseph). Le maximum observé chez *P. caliendrum* est soixante-quinze. Rien ne dit que ce chiffre ne soit atteint chez *P. aurantiacus*.

[2] Langerhans, *loc. cit.* III. 1880. T. XXXIV. p. 109. Pl. V. fig. 24.

légèrement colorés en jaune. Il y a huit ou dix écussons ventraux pairs. Les dimensions sont bien moindres que celles des deux *Polycirrus* précédemment étudiés : quinze à vingt millimètres. Le nombre des segments est de soixante-onze, chez le plus grand exemplaire étudié par M. de Saint-Joseph. J'ai compté jusqu'à quatre-vingt cinq segments sur un échantillon de Cette. Ce dernier présentait des soies limbées dentelées sur les dix-huit premiers segments.

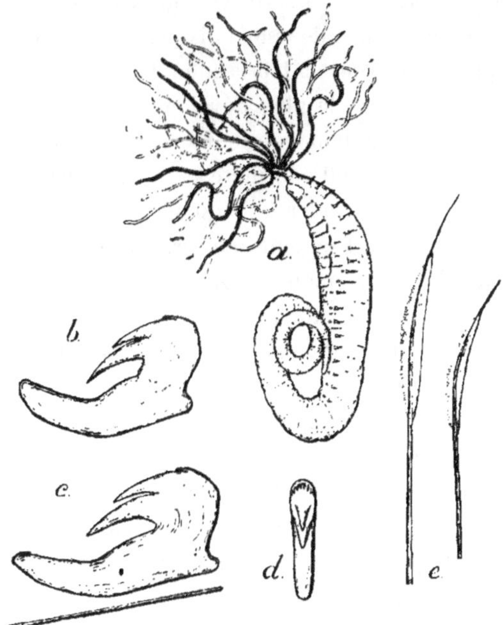

POLYCIRRUS DENTICULATUS SAINT-JOSEPH.

FIG. 12. — *a*, *P. denticulatus*, vu de profil. — *b*, Plaque onciale thoracique, profil.— *c*, Plaque onciale abdominale et soie de soutien, profil. — *d*, Plaque onciale thoracique et plaque onciale abdominale, face. — *e*, Soies limbées pectinées, courte et longue.

Les soies présentent une forme spéciale. (Cette forme du reste se retrouve chez plusieurs espèces de *Polycirrus*, notamment chez *P. triglandula*). Elles sont légèrement courbées ou coudées et présentent un limbe dont l'un des côtés est finement dentelé. On compte, dans chaque faisceau, une dizaine de soies assez longues, environ ; à côté se trouvent cinq ou six soies plus petites (e), de même forme. Le nombre et la dimension des soies vont diminuant dans les derniers sétigères.

Les plaques onciales, comme d'habitude, se trouvent sur un nombre variable de segments thoraciques. Je n'en ai jamais observé qu'à partir du neuvième. Elles peuvent faire absolument défaut. M. de Saint-Joseph a fait la même constatation sur l'un des *P. denticulatus* de Dinard. Quand ces plaques existent, elles sont, en moyenne, de cinq à dix par rangées. Ces plaques vues de profil (*b*) paraissent présenter trois dents dont l'inférieure est de beaucoup la plus développée. De face, (*d*) elles présentent une forte dent inférieure, au-dessus de laquelle est une dent plus faible. Cette dernière se trouve placée elle-même au-dessous d'une série de 5 à 6 denticules, difficiles à voir. Les uncini abdominaux présentent une forme analogue (c), mais la base est plus longue et moins large que dans la région thoracique. Aussi bien dans cette dernière, que dans la région abdominale, ces plaques sont pourvues, à la partie postérieure, d'une légère saillie.

Les soies de soutien, appuyant les plaques onciales abdominales, apparaissent à partir du treizième segment sétigère.

Je n'ai pu observer le *P. denticulatus* à l'état de maturité sexuelle. D'après M. de Saint-Joseph, les œufs sont roses.

M. de Saint-Joseph a trouvé un scolex de Tétrarhynque dans l'intestin d'un exemplaire de Dinard.

Distribution géographique : Atlantique (Dinard), Méditerranée (Cette).

TABLE DES MATIÈRES DU TROISIÈME FASCICULE

Liste des espèces étudiées dans les deux premiers fascicules

EXTRAIT *des Mémoires de l'Académie des Sciences et Lettres de Montpellier*

(Section des Sciences. 2e Série. Tome III.)

MONTPELLIER. — IMPRIMERIE DELORD-BOEHM ET MARTIAL.

www.ingramcontent.com/pod-product-compliance
Lightning Source LLC
LaVergne TN
LVHW011952160826
845678LV00002B/507

* 9 7 8 2 3 2 9 6 8 5 7 8 6 *